Réhabilitation d'une décharge sauvage

Ilyass Mimis

Réhabilitation d'une décharge sauvage

Réhabilitation et fermeture de la décharge sauvage de Mohammedia au Maroc

.

Presses Académiques Francophones

Impressum / Mentions légales

Bibliografische Information der Deutschen Nationalbibliothek: Die Deutsche Nationalbibliothek verzeichnet diese Publikation in der Deutschen Nationalbibliografie; detaillierte bibliografische Daten sind im Internet über http://dnb.d-nb.de abrufbar.
Alle in diesem Buch genannten Marken und Produktnamen unterliegen warenzeichen-, marken- oder patentrechtlichem Schutz bzw. sind Warenzeichen oder eingetragene Warenzeichen der jeweiligen Inhaber. Die Wiedergabe von Marken, Produktnamen, Gebrauchsnamen, Handelsnamen, Warenbezeichnungen u.s.w. in diesem Werk berechtigt auch ohne besondere Kennzeichnung nicht zu der Annahme, dass solche Namen im Sinne der Warenzeichen- und Markenschutzgesetzgebung als frei zu betrachten wären und daher von jedermann benutzt werden dürften.

Information bibliographique publiée par la Deutsche Nationalbibliothek: La Deutsche Nationalbibliothek inscrit cette publication à la Deutsche Nationalbibliografie; des données bibliographiques détaillées sont disponibles sur internet à l'adresse http://dnb.d-nb.de.
Toutes marques et noms de produits mentionnés dans ce livre demeurent sous la protection des marques, des marques déposées et des brevets, et sont des marques ou des marques déposées de leurs détenteurs respectifs. L'utilisation des marques, noms de produits, noms communs, noms commerciaux, descriptions de produits, etc, même sans qu'ils soient mentionnés de façon particulière dans ce livre ne signifie en aucune façon que ces noms peuvent être utilisés sans restriction à l'égard de la législation pour la protection des marques et des marques déposées et pourraient donc être utilisés par quiconque.

Coverbild / Photo de couverture: www.ingimage.com

Verlag / Editeur:
Presses Académiques Francophones
ist ein Imprint der / est une marque déposée de
OmniScriptum GmbH & Co. KG
Heinrich-Böcking-Str. 6-8, 66121 Saarbrücken, Deutschland / Allemagne
Email: info@presses-academiques.com

Herstellung: siehe letzte Seite /
Impression: voir la dernière page
ISBN: 978-3-8381-7211-8

Sommaire

LISTE DES FIGURES

LISTE DES TABLEAUX

GLOSSAIRE

Déchets : Ce terme désigne n'importe quel objet ou substance ayant subi une altération d'ordre physique, chimique, ou en tant qu'il est perçu, le destinant nécessairement à l'élimination.

Casier : L'espace ou le lieu où les déchets sont stockés. Les déchets sont déchargés et retenus à l'intérieur du casier.

Déchets ménagers et assimilés : Déchets communs non dangereux (par opposition aux déchets dangereux) des ménages ou provenant des entreprises industrielles, des artisans, commerçants, écoles, services publics, hôpitaux, services tertiaires et collectés dans les mêmes conditions.

Décharge sauvage : Dépôt de déchets réalisé par des particuliers ou des entreprises, sans autorisation communale, et sans autorisation préfectorale au titre de la législation sur les installations classées (Classe I, II ou III). Les déchets sont de toutes natures (banals, dangereux, toxiques) et sont déposés dans des conditions qui ne respectent pas les règles des décharges contrôlées. Les impacts sur l'environnement, non gérés, sont nombreux et peuvent concerner la pollution des sols, la pollution des eaux et même la pollution de l'air.

Lixiviat : C'est le liquide résiduel qui se génère de la percolation de l'eau à travers les déchets au niveau d'une décharge telle qu'elle soit, autrement dit ce sont les jus issus de déchets, de composts, etc... Le lixiviat se charge de polluants organiques, minéraux et métalliques, par extraction des composés solubles (lixiviation facilitée par la dégradation biologique des déchets) et risque ainsi de provoquer la pollution des eaux de surface et des eaux souterraines.

Biogaz : Le gaz produit par la fermentation de matières organiques animales ou végétales en l'absence d'oxygène. Cette fermentation appelée aussi « méthanisation » se produit naturellement ou spontanément dans les décharges contenant des déchets organiques. Le biogaz est un mélange composé essentiellement de méthane (typiquement 50 à 70%) et de dioxyde de carbone, avec des quantités variables de vapeur d'eau, et de sulfure d'hydrogène (H_2S). On peut trouver d'autres composés provenant de contaminations.

Géosynthétique : (d'après AFNOR, XP G38-067) Terme générique désignant un produit, dont au moins l'un des constituants est à la base de polymères synthétiques ou naturels, se présentant sous forme de nappe, de bande ou de structure tridimensionnelle, utilisé en contact avec le sol ou avec d'autres matériaux dans les domaines de la géotechnique et du génie civil.

INTRODUCTION

L'intérêt porté à l'environnement s'est considérablement développé au Maroc, et la protection de l'environnement est à présent inscrite dans l'action continue des administrations et des industriels, surtout ces dernières années lors de l'adoption et de la mise en vigueur de la stratégie nationale du développement durable. La prise de conscience de la gravité des problèmes posés par les déchets solides sur l'environnement, en général, et sur les ressources en eau en particulier est une réalité. En effet l'essor industriel et l'accroissement de la production ainsi que la densité de la population dans les villes font qu'aujourd'hui le volume des déchets urbains a beaucoup augmenté (70 millions de tonnes en 2006) et on constate une prolifération des décharges publiques sauvages. Ces dernières constituent une réelle et permanente menace à la qualité de la vie.

Dans le langage courant, les ordures ménagères n'évoquent que les déchets de la vie domestiques. Les nécessités de la vie urbaine ont conduit à élargir cette notion et à admettre sous ce vocable, les résidus trouvés sur la voie publique. Les déchets provenant des bureaux, du commerce et des petites industries. Les groupes industriels importants, au contraire, sont censés éliminer leurs déchets à leurs frais. On notera à ce niveau que les ordures ménagères sont des produits de natures extrêmement diverses.

La connaissance de la composition et de la qualité d'ordures ménagères urbaines, produites par une agglomération, a une importance sans cesse croissante, notamment pour la détermination de l'impact des décharges publiques sur l'environnement et sur la qualité des ressources en eau de la région.

La production croissante des déchets au Maroc a provoqué la multiplication de grandes décharges sauvages un peu partout, autour des grandes villes, sans compter celles qui naissent et grandissement d'elles-mêmes dans les terrains vagues à l'intérieur des villes, à force de déchets accumulés et délaissés.

Les répercussions néfastes de cette situation sur les ressources naturelles, la santé publique et sur le budget des collectivités locales, ont été mises en évidence. Ceci à pousser les autorités marocaines et les acteurs écologiques à penser profondément sur le sujet et suivre l'exemple européen, en adoptant la politique de fermeture et de la réhabilitation des décharges publiques sauvages, néfastes à l'égard de l'environnement. La décharge sauvage de

Mohammedia figure dans la liste des décharges publiques qui seront réhabilitées partout au Maroc, pour cet effet la municipalité de Mohammedia à confier à NOVEC, la partie du suivi des travaux de la fermeture et la réhabilitation de la décharge. On compte principalement à intégrer la décharge à nouveau dans la nature et dans le paysage naturel de la région.

L'objet de ce travail consiste à faire une étude sur le projet de réhabilitation et de fermeture de la décharge sauvage de Mohammedia, connue aussi sous le nom de la décharge de MASBAHIAT, et à faire l'étude de tous les dispositifs qui vont permettre la fermeture de la décharge et la bonne isolation des déchets de leur environnement, comme la digue périphérique, la couverture (choisir la meilleure couverture, en comparant entre le recouvrement par les matériaux locaux et le recouvrement par géosynthétiques), le système de dégazage et de collecte du lixiviat et les canaux de ruissellement. Vue que ce projet doit résister à différents intempéries et à durer longtemps (au moins 50 ans), le problème de la stabilité du massif des déchets doit, impérativement et irrémédiablement, être vérifié et assuré après sa réhabilitation. Pour cela, il faut faire, pendant l'étude du projet, une analyse de la stabilité de la décharge après réhabilitation, tout en faisant intervenir tous les paramètres et les éléments susceptibles de nuire à la stabilité des déchets et qu'on vise à contrôler (biogaz, lixiviat, eaux…). Car dans le cas échéant, un massif aménagé et non stable, va surement mener à une catastrophe effrayante.

Dans ce rapport, on va voir dans un premier temps, une présentation du projet. On abordera, dans un deuxième temps, l'environnement physique de la décharge. On verra dans le troisième chapitre les différents impacts de la décharge sur l'environnement, après on traitera les travaux d'aménagement et de la réhabilitation de la décharge. On va finir par l'analyse de la stabilité de la décharge après réhabilitation et par des recommandations.

Le déchet le plus facile à éliminer est celui que l'on n'a pas produit.

PREMIER CHAPITRE

PRESENTATION DE PROJET

I. Description de la decharge de Mohammedia

1.1 Situation géographique

La décharge sauvage de Mohammedia, connue aussi sous le nom de la décharge de MASBAHIAT, est un ancien dépotoir des ordures solides, à ciel ouvert, de la ville de Mohammedia (Nord-Ouest du Maroc), dont l'exploitation a commencé en 1987 sur une ancienne carrière et continue à être exploitée jusqu'à présent.

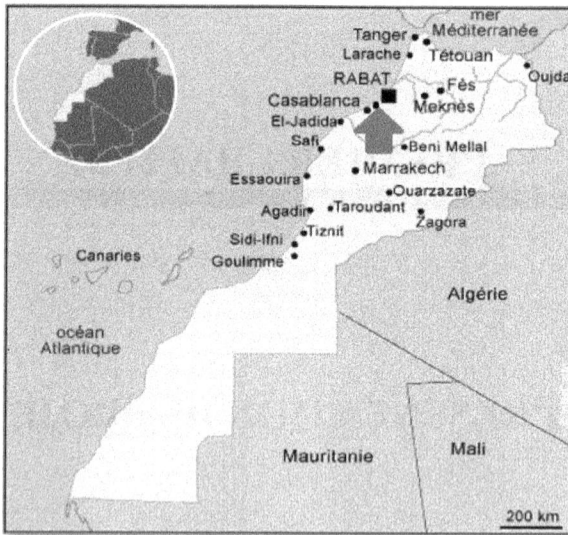

Figure 1: Emplacement de la zone d'étude au Maroc

La zone d'étude est située dans la partie Nord de la meseta côtière qui est délimitée au nord par la plaine du Gharb, au sud par la plaine d'Essaouira et le massif de Jbilet, à l'ouest par l'océan atlantique et à l'Est par la meseta marocaine septentrionale et la meseta marocaine centrale.

La décharge est située au sud de la ville de Mohammedia (Fig 1), à 3 Km du centre ville, dans la rive Est de l'oued ELMALEH. Le site de la décharge est névralgique et très sensible. En effet, à une dizaine de mètres à l'Ouest, en plus d'oued ELMALEH, se trouve une forêt contenant des essences feuillues, à 50 m au Nord-ouest il y a l'autoroute Rabat-Casablanca (A3), au Sud se trouve la route nationale (N1) et un vaste terrain agricole. Il existe aussi une route goudronnée qui passe tout près de la décharge à l'Ouest, entre l'oued et le mur qui entoure la décharge. La décharge de MASBAHIAT est à proximité d'une grande agglomération, à deux pas du cartier des chiffonniers, à 1 Km au Sud de la ville de Mohammedia et à 100 m d'un centre de sports et de loisirs (Fig 2 et 3).

Figure 2: Localisation de la décharge sauvage de Mohammedia [Googlemaps 2011]

Figure 3: Entourage de la décharge de Mohammedia

1.2 L'exploitation de la décharge

L'exploitation actuelle de la décharge est marquée par un manque de concept de gestion à long terme, ainsi que par l'absence d'un manuel d'exploitation, c'est à dire, qu'il y a un manque de plans de conception et de directives de travail, garantissant une gestion techniquement correcte de la décharge. Par conséquent, cela conduit à une gestion non contrôlée de la décharge.

1.3.1 Mode d'exploitation

Le déversement des déchets se fait, actuellement, dans deux zones, une située à l'Est de la décharge (zone 1) et l'autre au Sud-ouest (zone 2). Les engins de collecte et de transport sont orientés à leur arrivée par deux gardiens de la décharge qui surveillent les deux portes d'accès (la porte de l'Est et la porte Sud). Ils empruntent la piste menant vers la zone de déversement (zone 1) à 70m environ de l'entrée Sud, et la route goudronnée située au Nord de la décharge pour déverser leur contenu en déchets à 150m environ de l'entrée Est. Les déchets sont sommairement fouillés par les récupérateurs et les chiffonniers et un tri de matières plastiques et de carton est effectué. L'image suivante montre la localisation des deux zones de déversement dans la décharge de Mohammedia, ainsi que les portes et les voies d'accès (Fig 4):

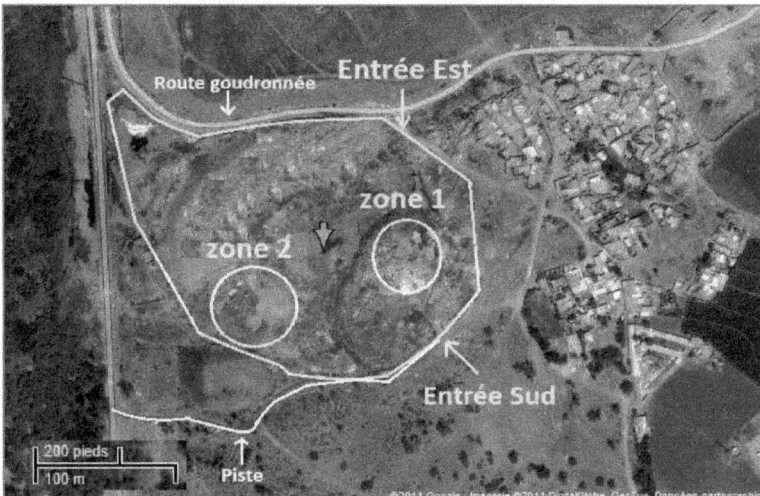

Figure 4: Zones en exploitation et les voies d'accès à la décharge [W1]

Le mode de déchargement au niveau des zones de déversement se fait comme suit (Fig 5):

o Le camion déverse son contenu en ordures ;

o Les chiffonniers fouillent la quantité de déchets déchargée ;

o Un bulldozer à chenille racle et compacte en même temps (compactage par chenille est faible), le reste des déchets fouillés vers le talus dont le pendage est de direction SE-NO.

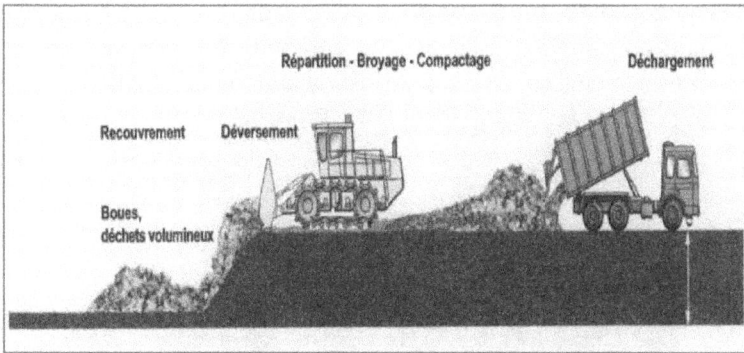

Figure 5: Mode de déchargement dans la décharge de Mohammedia [12]

Figure 6:Mode de déchargement au niveau de la décharge

1.3.2 Les moyens d'exploitation

En ce qui concerne les moyens humains affectés, ils sont très limités comparativement aux quantités de déchets reçues quotidiennement par la décharge. Il y a en principe deux gardiens qui se chargent de surveiller les lieux et d'orienter les camions vers les zones de déversement et deux chauffeurs de bulldozers qui se chargent de l'évacuation de la piste d'accès, la préparation de la zone de déversement, la dispersion des déchets récemment déversés et le compactage des déchets.

Les moyens matériels fonctionnels sur place sont constitués de deux bulldozers en mauvais état et un bulldozer en panne, ce qui perturbe le travail quotidien et à l'origine de débordements continus des déchets et fermetures habituelles des pistes d'accès. Suite à ça et en absence de conscience, certains chauffeurs de camions déversent le contenu de leurs camions en déchets en dehors de la clôture, ce qui aggrave davantage la situation.

Figure 7: Déversement des déchets en dehors de la zone de déchargement

16

Figure 8: Bulldozer en panne

1.3.3 Structure de la décharge

La décharge de Mohammedia a été en principe, une ancienne carrière de microgrès, dont les épontes ont une pente d'environ 45°. Son exploitation a commencé en 1987. Vu que les déchets ont envahie les lieux, on n'arrive pas à déceler la forme du fond, mais le mur d'une carrière située à la rive droite de l'oued Elmaleh, ne peut être que plane avec un petit pendage de l'ordre de 4°, et de direction Est-Ouest, pour faciliter le ruissellement des eaux de pluie. Le fond de cette décharge ne peut pas être en dessous du niveau de l'oued, du fait que durant l'exploitation de la carrière, la montée des eaux de la nappe peuvent gêner les travaux dans le chantier. La décharge est entourée d'une clôture en béton, à refaire à quelques endroits.

La décharge occupe actuellement une surface totale de 7 ha, elle contient environ 1 642 000 m3 de déchets en février 2010 sous forme d'un dôme. La côte du plus haut point pendant cette date est 47m et la côte du point le plus bas des déchets est 12.17m (par rapport au niveau de la mer). Donc, les déchets sont approximativement à 35m de hauteur par rapport au fond de la décharge.

La décharge se divise en trois zones principales :

1) Une zone d'anciens dépôts (zone saturée), située au Nord-Ouest. La hauteur des dépôts dans cette zone est environ 25 m. Cette zone est marquée par la présence de fumée de décharge qui témoigne d'une activité biologique encore en fonctionnement.

2) Une zone, située au centre de la décharge, partiellement saturée, recevant une partie des nouveaux dépôts. La hauteur des déchets dans cette zone est d'environ 7m.

3) Une zone recevant les nouveaux dépôts. Cette zone est située au Sud-Est de la décharge, la hauteur des déchets dans cette zone est de 4 m. Dernièrement, on observe par endroit au niveau de cette zone, des flancs de grande pente (signes de débordement).

Figure 9:Côté Sud-Est de la décharge

Ci-après, la présentation des trois zones de la décharge :

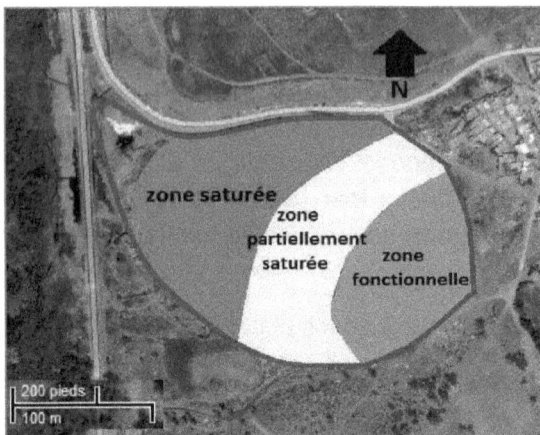

Figure 10: Les trois zones de la décharge

1.3.4 Les réseaux

a. Le réseau de circulation

La circulation à l'intérieur de la décharge se fait via une piste principale d'une longueur de 150m qui traverse la décharge dans sa partie centrale, elle relie l'entrée du Nord-est à la zone partiellement saturée et une autre au Sud-est de la décharge qui traverse la zone au cours d'exploitation, sa longueur est d'environ 90m.

b. Le réseau de drainage des eaux pluviales

Il n'existe aucun réseau de contournement et de drainage des eaux pluviales. Les eaux de ruissellement pénètrent dans le corps de la décharge. En temps de pluie, des stagnations sont observées surtout du côté Sud et à l'ouest aux bords de la route goudronnée.

c. Le réseau de collecte du lixiviat

Il n'existe aucun réseau de collecte de lixiviat. Lors des investigations effectuées sur le site, il a été observé des cours de ruissellement de lixiviat du coté ouest de la décharge vers le lit de l'oued Elmaleh.

1.3 Valorisation des déchets

La valorisation de certains composants de déchets se fait par les récupérateurs ou les chiffonniers qui fouillent les déchets sur le lieu de déchargement. Le nombre est estimé à plus de 100 personnes, qui travaillent en alternance jour et nuit, les quantités recyclées sont constituées de différentes matières, soit 10% de la quantité des déchets déchargée.

Les déchets recyclables sont stockés à l'intérieur de la décharge et sont repris par des grossistes, au nombre de deux patrons avec leurs propres camionnettes. Il s'agit principalement de plastique, papier/carton, verre et métaux.

II. OBJECTIFS DU PROJET DE REHABILITATION DE LA DECHARGE

L'état des lieux autour et dans la décharge est devenu critique. Ceci a incité les autorités locales à intervenir pour empêcher d'éventuelle catastrophe environnementale, les causes de la fermeture de la décharge sauvage de Mohammedia sont multiples, on en cite les principales :

- Actuellement la décharge est sursaturée en ordures ménagères et assimilées, et son impact négatif sur l'environnement est considérablement grand ;
- L'essor démographique et la croissance économique de la ville de Mohammedia : Le nombre de la population et des industries augmente, cela implique que la quantité de déchets produite par la ville va aussi augmenter, mais la décharge actuelle ne sera pas capable de recevoir toute cette quantité d'ordures. Une prévision sur les quantités de déchets qui seront produites d'ici l'an 2032, a été faite, et le tableau suivant résume les résultats trouvés :

Taux d'accroissement de la population= **2.3%**   et le ratio de production de déchets=**0.7kg/hab/jour.**

Tableau 1 : Estimation de tonnage des déchets ménagers à stocker, en provenance de Mohammedia [11]

Année	2010	2015	2020	2025	2030	2032
Population concernée par la collecte	370 000	414 360	464 030	519 640	681 930	608 890
Production (T/an)	94 500	105 827	118 512	132 717	148 626	155 511

Donc, **2 819 746** tonnes de déchets seront générés d'ici 2032, c'est une quantité insupportable par la décharge ;

Après l'adoption de plusieurs lois visant la protection de l'environnement, le Maroc en tant que pays en voie de développement, s'est engagé dans le processus de protection de son environnement. On compte parmi les grands projets qui ont été lancé par les autorités concernées, la réhabilitation des décharges sauvages partout au Maroc, et les substituer par la nouvelle génération des décharges, à savoir les décharges contrôlées.

On vise généralement à travers la réhabilitation de la décharge à :

- Minimiser les impacts de la décharge sur son milieu environnant ;
- Intégrer la décharge dans le paysage naturel de la région;

- Contrôler les fluides dégagés par la décharge : Lixiviat et biogaz ;
- Exploiter éventuellement l'énergie émanant de la décharge (notamment le biogaz) ;
- Assurer la stabilité du massif des ordures.

Le protocole de la réhabilitation d'une décharge sauvage consiste généralement à :

- Rassembler les déchets (Reprofilage) ;
- Mettre en place au dessus des déchets une couche de tout venant (environ 30 cm d'épaisseur) ;
- Mettre en dessus un dispositif étanche (une couche d'argile bien compacté (d'au moins 30 cm d'épaisseur), géomembrane..) ;
- Déposer au dessus du dispositif d'étanchéité, une couche de terre végétale (au moins 30 cm d'épaisseur). Cette terre doit être de bonne qualité agronomique, afin de favoriser la revégétalisation du site ;
- Mettre en place une digue en terre pour la collecte le lixiviat et la stabilisation du massif des déchets ;
- Creuser un fossé périphérique, de façon à recueillir les eaux de ruissellement et les évacuer vers le réseau hydrographique ;
- Construction d'un bassin de collecte de lixiviat.

La figure ci-après résume l'ensemble des étapes de réhabilitation d'une décharge sauvage :

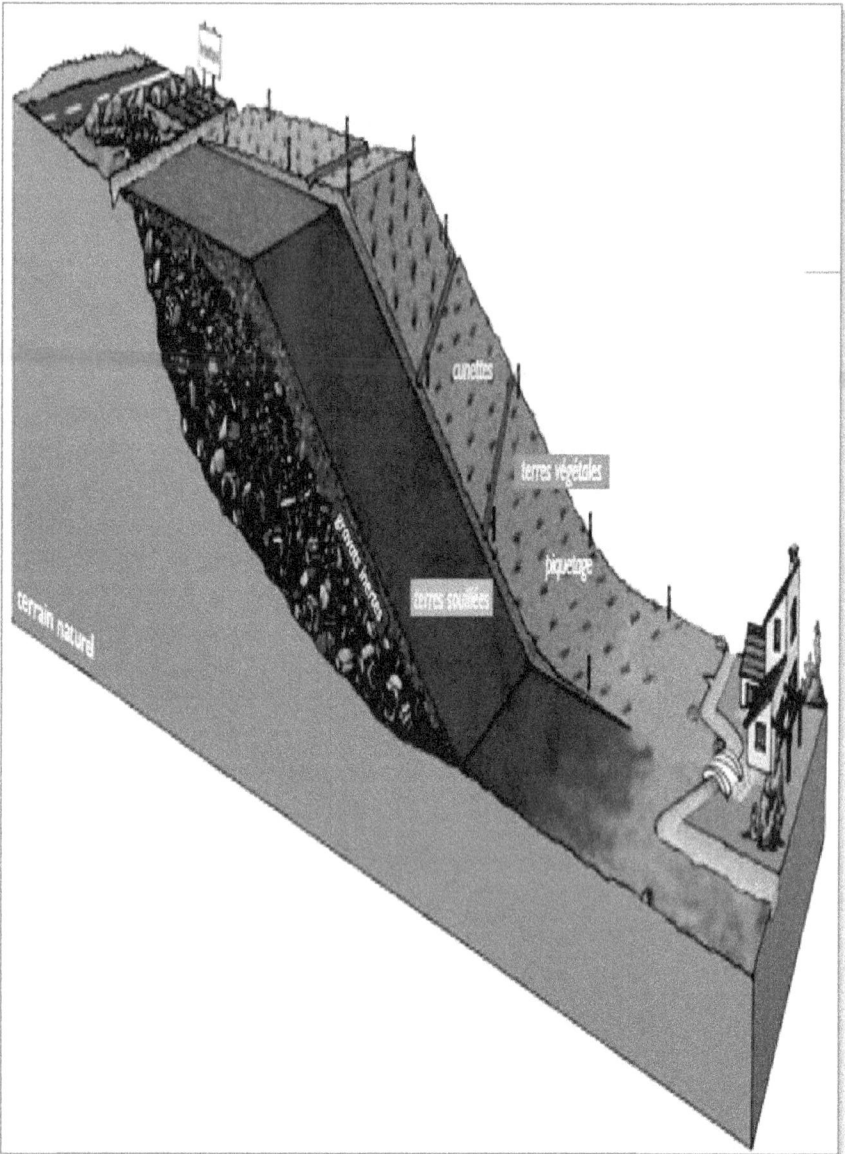

Figure 11 : Etapes essentielles de la réhabilitation d'une décharge [1]

DEUXIEME CHAPITRE

ENVIRONNEMENT PHYSIQUE DU PROJET

I. GEOMORPHOLOGIE

Le plateau de Mohammedia, qui empiète la partie septentrionale de la meseta côtière, présente une pente de direction SE-NO. La géométrie de la région est majoritairement plate et tabulaire dont le pendage n'excède pas 3%, sauf au niveau des cours d'eau. La pente topographique moyenne des principaux cours d'eau de la région (oued Elmaleh, oued Nefifikh) est généralement comprise entre 9% et 50% dans le plateau de Mohammedia et dans la partie ouest de la meseta marocaine centrale. Elle est, par contre, beaucoup plus faible du côté du littoral allant de 4% à 9%.

Aux alentours de la décharge, la morphologie du terrain présente des pentes relativement fortes au Nord de la décharge. Les talus à faibles pentes (de 10 à 17%), sont au sud-ouest de la décharge, au niveau des deux rives de l'oued Elmaleh. Le site de la décharge actuelle est situé dans la rive droite de l'oued Elmaleh. Suite à plusieurs investigations sur le site, il s'est avéré que les déchets sont déposés sur une ancienne carrière de microgrès dont le fond présente une pente voisine de 4% vers l'ouest et les épontes un pendage d'environ 45°.

II. Géologie

La zone d'étude se rattache à la meseta côtière, chaîne hercynienne jalonnant la zone côtière du Maroc.

Ce domaine est recouvert par des formations récentes, d'âge allant du miocène au quaternaire, plus au moins abondantes selon les endroits. Sous ces formations de couverture, des formations détritiques se sont déposés depuis le cambrien jusqu'au crétacé.

Au niveau de la zone d'étude, au dessus des marnes miocènes (marnes bleues), se sont déposées des formations à sédimentation mixte, plio-quaternaires s'étendant sur toute la bande côtière atlantique sauf aux alentours de l'oued Nefifikh. Ces formations carbonatées plio-quaternaires, constituées de sables, de grès, de conglomérats et de calcaires lacustres plus au moins consolidés, sont soit marins (pliocène, quaternaire), soit continentales (villafranchien, quaternaire).

Au dessous de la barre marneuse miocène, se sont déposées des formations primaires et secondaires détritiques. Du bas vers le haut on distingue des formations acadiennes (schistes et quartzites), siluriennes, dévoniennes, permiennes et triasiques, avec tous les termes de la trilogie de faciès triasique : dolérite, argile et évaporites. La limite sud est jalonnée par des formations carbonatées crétacés.

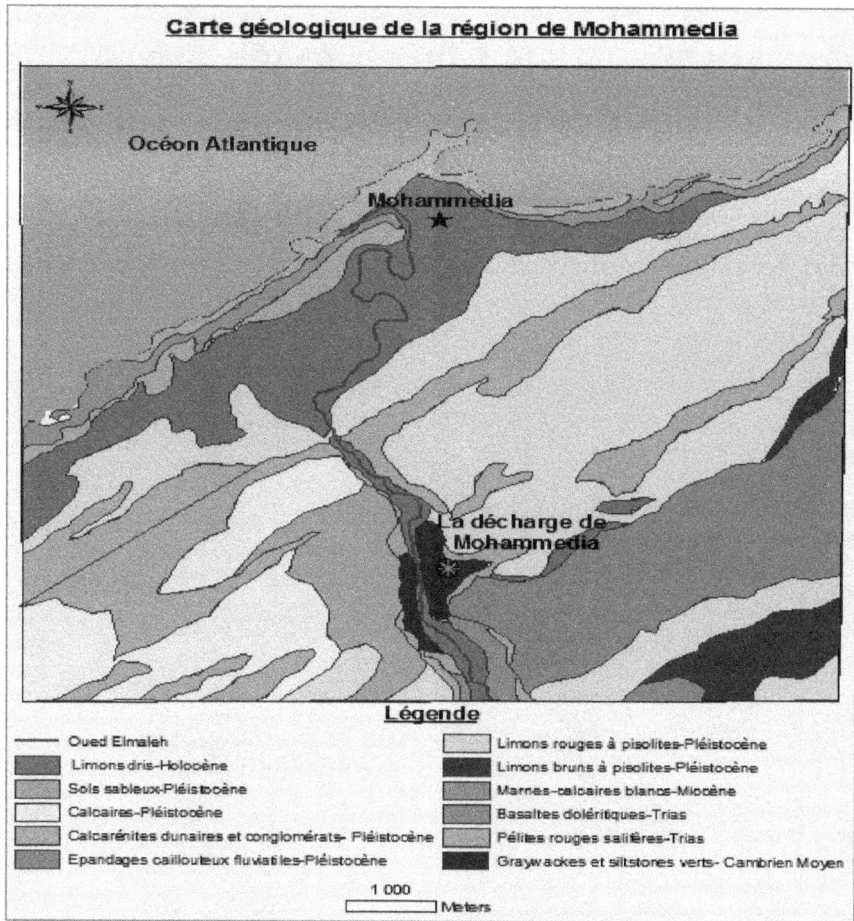

Figure 12 : Carte géologique de la région de Mohammedia [7]

III. ANALYSE SISMIQUE

La situation géographique du Maroc, aux frontières de la plaque africaine, fait que plusieurs régions de notre pays peuvent être qualifiées de zones sismiquement actives. Les dernières sollicitations telluriques, qu'a connues la région d'Al Hoceima, en ont apporté l'ultime preuve. Elles ont, également, déclenché le débat sur la prise en compte du risque sismique dans le dimensionnement des structures en général.

Dans le domaine des ouvrages d'art, l'intégration de cet aspect dans les études courantes au Maroc, est assez récente et encore timide. En effet, en l'absence d'une carte sismique fiable du royaume, et d'un règlement marocain en la matière, rares ont été les ouvrages à être calculés au séisme.

Pour combler ce vide réglementaire, et garantir la prise en compte systématique de l'aléa sismique dans les études des ouvrages dans les régions à risque, la DRCR (Direction des routes et de la circulation routière) a lancé une consultation pour l'élaboration d'un guide marocain de conception parasismique, et elle a élaboré une carte d'accélérations sismiques du Maroc, en se basant sur plusieurs cartes et données sismiques du Maroc disponibles.

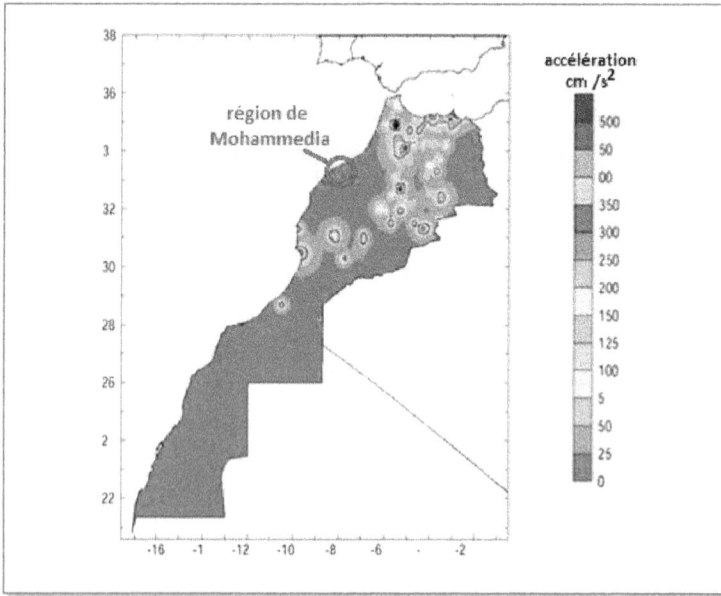

Figure 13: Carte des accélérations maximales vraisemblablement ressenties [9]

On constate d'après la carte que la sismicité au niveau de la zone d'étude est faible et l'accélération maximale dans la zone vaut 25 cm /s^2, donc la zone en question est sismiquement non active et calme. Malgré ça, durant l'étude de la stabilité de la décharge il faut tenir compte de la sismicité et non pas la négliger, on prendra comme valeur de d'accélération, la valeur maximale qui est 0.25 m/s^2.

IV. CLIMATOLOGIE

4.1 Température

Le climat général régnant dans la région de Mohammedia est de type méditerranéen, il est caractérisé par un été chaud et sec et un hiver tempéré et pluvieux. Il est essentiellement influencé par trois facteurs qui sont : la latitude, la continentalité et l'altitude.

La température moyenne annuelle est de 20°C, la température maximale atteint 25°C et la température minimale étant 10°C. Le mois le plus froid est janvier et le mois le plus chaud étant juillet. La figure 14 donne un exemple de variations de la température à Mohammedia durant l'année 2010 :

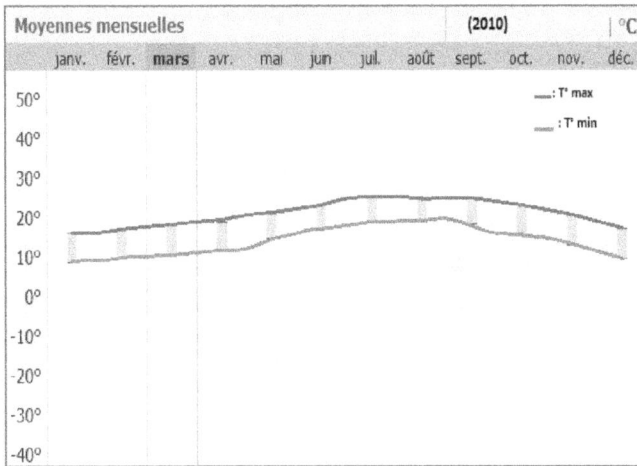

Figure 14: Températures moyennes mensuelles de Mohammedia en 2010 [W2]

4.2 Pluviométrie

Pour caractériser le régime pluviométrique de la zone d'étude, les données recueillies de la station du Barrage Oued Elmaleh qui se situe à 12 km environ de la décharge de Mohammedia, durant la période 1986 jusqu'à 2007, sont utilisées. Celles-ci accusent une irrégularité interannuelle importante des précipitations dans la région.

La hauteur de précipitations augmente en hiver puis chute en été, avec des hauteurs de pluies nulles. Les pics pluviométriques se situent en général en décembre. Les mois les plus secs sont toujours juillet et août, avec des hauteurs de pluies presque nulles à nulles.

46	33.2	28.3	23.1	8.7	2.9	0.9	0.2	4.4	28	53.4	54.3
Jan	Fev	Mar	Avr	Mai	Ju	Jui	Aoû	Sep	Oct	Nov	Dec

Précipitations (mm)   (2010)

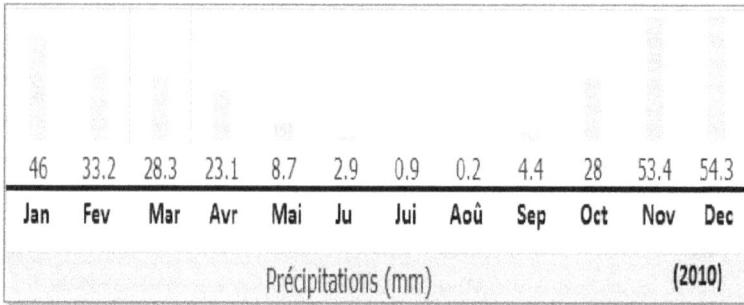

Figure 15: Précipitations mensuelles moyennes enregistrées à la station de Mohammedia en 2010[W2]

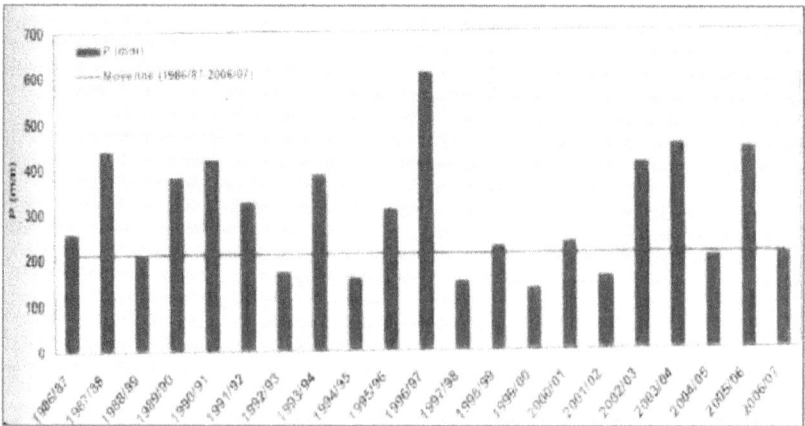

Figure 16: Pluviométrie moyenne interannuelle (1986-2007, Station Barrage Oued Elmaleh)

La moyenne interannuelle enregistrée est de l'ordre de 223 mm.

4.3 Humidité

Le climat de la région de Mohammedia est humide, la valeur maximale d'humidité est atteinte en mois février (en 2010), et la valeur minimale d'humidité étant en été au mois août. En moyenne, l'humidité est de l'ordre de 69%. Ci-après les valeurs de l'humidité enregistrées en 2010 dans la station de Mohammedia :

Tableau 2 : Humidité enregistrée en 2010 à Mohammedia [W2]

	Mois	2010
	Janvier	75.23
	Février	77.89
	Mars	68.39
	Avril	70.23
Humidité	Mai	65.26
en %	Juin	67.96
	Juillet	71.87
	Août	60.55
	Septembre	64.77
	Octobre	73.90
	Novembre	72.53
	Décembre	63.20

4.4 Vent

Les indications concernant le vent ont été fournies par la direction de la météorologie nationale à partir de la station de Nouasseur (à 8 km au Nord-est de Mohammedia). Les données font apparaitre le nombre de fois où une force de vent a été constatée avec sa direction. Le tableau et la rose des vents ci-après résument l'ensemble des données disponibles.

Tableau 3: Valeurs des vitesses du vent [11]

Direction	Calme	1 à 4 m/s	5 à 8 m/s	9 à 12 m/s	>= 13 m/s	X	Total
Calme	7,4%						7,4%
N		6,1%	3,9%	0,1%	0%		10,1%
NNE		5,1%	2,5%	0%	0%		7,6%
NE		4,5%	2,3%	0,1	0%		6,9%
ENE		4,5%	1,7%	0%	0%		6,2%
E		6,2%	0,8%	0%	0%		7,0%
ESE		2,6%	0,1%	0%	0%		2,7%
SE		3,4%	0,1%	0%	0%		3,5%
SSE		3,6%	0,2%	0%	0%		3,8%
S		3,6%	0,6%	0,1%	0%		4,3%
SSW		3,1%	1,1%	0,3%	0,1%		4,6%
SW		3,1%	1,0%	0,3%	0%		4,4%
WSW		2,2%	1,3%	0,3%	0%		3,8%
W		4,9%	2,5%	0,4%	0%		7,8%
WNW		2,8%	1,5%	0%	0%		4,3%
NW		4,1%	2,6%	0%	0%		6,7%
NNW		4,7%	3,8%	0,1%	0%		8,6%
X							0,3%
Total	7,4%	64,5%	26,0%	1,7%	0,1%	0,3%	100,0%

X : données manquantes

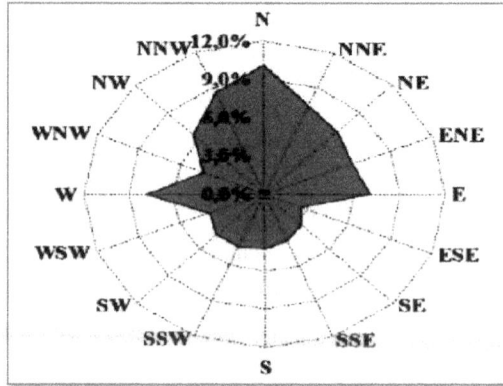

Figure 17 : Rose des vents [11]

On note que les vents sont assez fréquents, seulement 7.4% de jours sans vent, et qu'ils proviennent majoritairement du Nord avec une variation de plus ou moins 45° par rapport à cet axe, mais aussi de l'Est (7%) et de l'Ouest (7.8%).

V. Hydrologie

La région de Mohammedia est traversée par deux bassins versants, qui sont de l'Est à l'Ouest :

- **Oued Nefifikh :** Drainant un bassin versant de 830 km2, constitué exclusivement de formations imperméables.
- **Oued Elmaleh :** Drainant un bassin versant de 2800 km2, les eaux de cet oued sont saumâtres en dehors des périodes de crues.

Le réseau hydrographique de la région qui est tracé par les cours d'eau, est très dense, il y a deux grands oueds à écoulement permanent et plusieurs cours d'eaux temporaires. Il existe aussi beaucoup de dayas de tailles différentes dans la région, ainsi que des sources qui sans des exutoires des nappes souterraines et tout au sud la retenue du Barrage oued Elmaleh.

A une échelle interannuelle, le régime hydrologique des deux grands cours d'eaux (oued Elmaleh et oued Nefifikh) est irrégulier, il est caractérisé par des années à grands débits et des années à faibles débits. La période la plus humide est le mois février et la période d'étiage commence à partir du mois avril pour s'étaler jusqu'à mi-octobre.

La décharge sauvage de Mohammedia se situe dans la rive droite d'oued Elmaleh, il existe deux principaux cours d'eaux temporaires aux alentours de la décharge, un cours d'eau adjacent à la partie nord de la décharge et un autre au sud, les eaux dans ces deux cours d'eau s'écoulent vers l'oued Elmaleh. On remarque aussi sur le site des stagnations du lixiviat en aval de la décharge vers le pied du talus (des déchets).

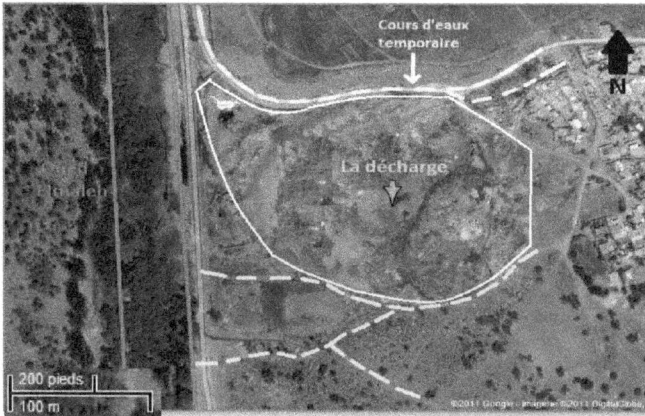

Figure 18 : Cours d'eau autour de la décharge

VI. HYDROGEOLOGIE [11]

Au niveau de la meseta côtière, il est difficile de parler d'une nappe d'eau souterraine continue. Il s'agit en fait de nappes de plateaux, discontinues, s'écoulant conformément à l'inclinaison générale de la topographie, du Sud-est vers le Nord-ouest. Ces nappes sont peu profondes et liées à la frange d'altération et aux fractures. Elles sont pauvres en général, et gitent en grande partie dans les formations aquifères citées ci-après :

- Les schistes primaires d'âges ordovicien, silurien, dévonien ou carbonifère : Ils sont largement représentés dans la meseta côtière.
- Les filons doléritiques : Ils sont souvent minéralisés, orientés généralement SSO-NNE.
- Les grès et quartzites : On les trouve fréquemment intercalés dans les schistes surtout ordoviciens et siluriens, dont la puissance varie de quelques mètres à quelques dizaines de mètres, ils sont parcourus par un réseau de fissures et de diaclases d'autant plus important qu'ils ont été le siège d'actions tectoniques plus intenses.

- Les calcaires : Essentiellement d'âge dévonien, ces formations ont dans l'ensemble un rôle hydrogéologique moins important. Dans certains cas assez localisés, ils apportent à la région intéressée l'essentiel de ses ressources en eau. Leur rôle hydrogéologique est très important et accru par leur karstification qui peut être importante.
- Les alluvions quaternaires : Ces formations contiennent fréquemment des nappes, liées très étroitement au régime hydrologique des oueds.
- Les calcaires détritiques plio-quaternaires : On range sous ce vocable des sables et des grès plus au moins consolidés, essentiellement calcaires, qui sont soit marins, soit continentaux, d'une épaisseur pouvant atteindre 30m, ils recèlent des nappes qui s'écoulent vers l'Ouest, le NO ou le Nord.

TROISIEME CHAPITRE

IMPACTS DE LA DECHARGE DE MOHAMMEDIA SUR L'ENVIRONNEMENT

I. LA DECHARGE SAUVAGE EST UNE SOURCE DE NUISANCES

La pollution sous toutes ses formes demeure un souci majeur de santé publique en milieu urbain et périurbain. Les problèmes d'environnement de Mohammedia sont nombreux et restent liés à plusieurs facteurs, on en compte la décharge publique sauvage de Mohammedia, Elle constitue une source de nuisances pour les habitants, et de pollution pour la faune, la flore, les eaux, le sol et l'air. Le schéma suivant illustre les problèmes environnementaux liés à la décharge sauvage :

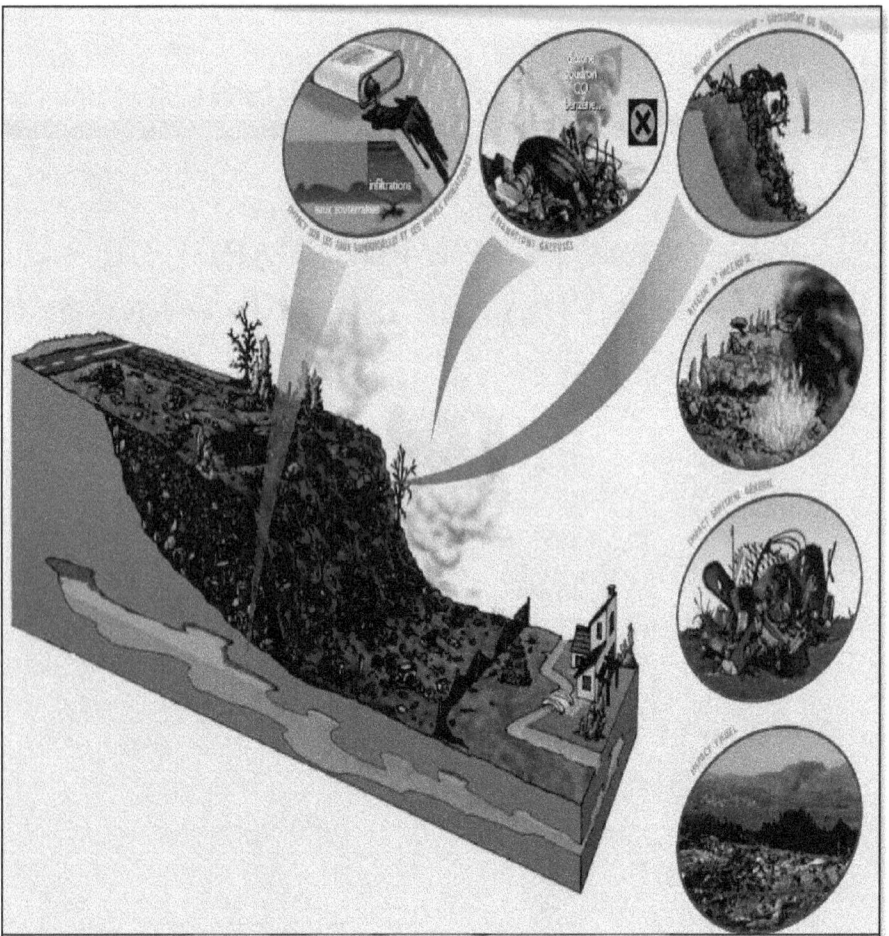

Figure 19: Illustration des effets néfastes de la décharge sur l'Environnement [1]

34

II. LE CADRE INSTITUTIONNEL ET JURIDIQUE RELATIFS AUX DECHETS SOLIDES [5]

2.1 Cadre institutionnel

Le Maroc s'active pour la mise au point de ses institutions environnementales depuis les années 1970/1980. L'institution principale chargée de la protection de l'environnement est le Ministère de l'Aménagement du Territoire, de l'Eau et de l'Environnement (MATEE), mais il existe également un certain nombre d'organismes et de départements compétents en matière d'environnement au sein d'autres ministères traitant de domaines relatifs à l'environnement, c'est le cas du Conseil supérieur de l'aménagement du territoire (CSAT) , le Conseil national de l'environnement (fondé en 1980 et réorganisé en 1995) constitue un forum de concertation qui regroupe l'ensemble des parties prenantes concernées (ministères, communautés locales, industriels, ONG, universités) sur des questions environnementales d'importance nationale, il y a aussi le Conseil supérieur de l'eau et du climat (CSEC) et la Commission interministérielle permanente pour l'utilisation des terres. Ces instances définissent la politique d'ensemble du pays quant à l'utilisation des terres, l'eau, le développement durable et l'environnement. Cependant, les liens unissant le MATEE aux différents départements des autres ministères s'avèrent souvent faibles au niveau de l'exécution. Des liens faibles sont également rencontrés souvent auprès des municipalités chargées d'un certain nombre de questions relatives à la gestion environnementale et à la planification (c'est-à-dire la gestion des déchets solides et leur transport).

Sur le plan national, il existe nombreuses institutions impliquées dans la Gestion des Déchets Solides (GDS), notamment les ministères chargés des questions relatives aux communautés locales, à l'environnement, l'agriculture et le développement rural, et les finances. Le ministère de l'Intérieur accorde aux municipalités une assistance technique pour la planification et le budget, la participation du secteur privé, et la mobilisation de fonds en vue de la GDS. Le MATEE participe à l'élaboration et la mise en place de cadres juridiques pour l'environnement et à la gestion des déchets solides. Il est chargé de la surveillance des sources de pollution, de la gestion du système d'EIE et de l'application de la législation. Il s'occupe aussi de la promotion de systèmes intégrés de GDS, en organisant des projets de démonstration et des activités de sensibilisation. Le ministère de la Santé est chargé de la GDS au sein des hôpitaux. Le ministère de l'Agriculture et du Développement participe à l'identification des décharges, surtout dans les bois, ainsi qu'à la mise en place d'unités de compostage (Rabat). Le ministère de l'Industrie, du Commerce, de l'Energie et des Mines s'active dans la gestion des déchets solides générés par des unités industrielles et dans la création de systèmes de recyclage et de mise en valeur. De plus, un comité ministériel de GDS fut établi sur le plan national pour faciliter et assurer le suivi de la participation privée aux niveaux provincial et local.

Au niveau local, les municipalités et les conseils municipaux sont entièrement responsables pour l'ensemble des activités de GDS menées dans leurs régions. Dans certains cas, les wilayas (provinces) participent à la gestion d'infrastructures inter-municipales de GDS, telles les décharges. Tant les municipalités que les wilayas ont le droit d'avoir recours aux services du secteur privé pour la gestion des déchets solides. Il est rare que le financement de l'infrastructure de GDS soit assuré au moyen d'allocations accordées par le gouvernement central. La récupération du coût occasionné par des services de GDS est assurée au niveau local par une taxe de 10% sur la valeur de location par unité d'habitation. Des efforts sont réalisés depuis quelques années pour financer la construction des infrastructures de GDS par le biais du secteur privé, surtout par des contrats pour des services de collecte et pour des opérations liées aux décharges. Par conséquent, dans les grandes agglomérations et les agglomérations de taille moyenne, telles Fès, Meknès, Rabat, Tanger, Nador, Oujda, Essaouira et Berkane, il existe une participation relativement importante du secteur privé à la GDS.

2.2 Cadre juridique

Le cadre juridique du Maroc se caractérise par une multitude de règlements, répartis dans diverses lois de manière irrégulière. En outre, de nouveaux projets de loi se trouvent à l'étape d'ébauche ou d'élaboration. Le Maroc a adopté plusieurs conventions, accords et traités internationaux pour l'environnement, comme la Convention de Barcelone et ses protocoles, la Convention RAMSAR, et la Convention MARPOL. Le Maroc est part des Conventions de Biodiversité, du Changement du Climat, du Changement du Climat-Protocole du Kyoto, de la Désertification, des Espèces en Danger, des Déchets Dangereux, de la Décharge Marine, de la Protection de la Couche d'Ozone, de la Pollution des Navires, des Zones Humides et de la Chasse à Baleine. Le Maroc a signé mais pas encore ratifie les conventions sur la modification de l'environnement et la Loi de la Mer.

La loi-cadre pour la protection de l'environnement a été établie en 2003 (loi 11-03) et définit les principes et les orientations d'une stratégie environnementale législative dans le pays. En 2003, la liste de projets et le processus d'application des évaluations d'impact environnemental ont été établis par la loi complémentaire 12-03. Il existe aussi des lois environnementales sectorielles déterminant le cadre et les moyens pour la protection de l'environnement.

2.3 Le Plan National d'Action Environnementale (PNAE)

Dans le cadre du PNAE adopté en 2002, des objectifs spécifiques sont déterminés pour les différentes questions environnementales, y compris les effluents urbains, les déchets solides et les émissions industrielles.

Dans le secteur des déchets solides, il est prévu d'adopter une approche intégrée qui inclura l'efficacité de la collecte, la fermeture des décharges sauvages et la création de centres d'enfouissement technique contrôlés dans les grands centres urbains. Parmi les actions proposées figurent :

- Un plan national pour la gestion des déchets dangereux.
- Des plans de gestion des déchets solides urbains et des déchets médicaux et inertes aux niveaux préfectoral ou provincial.
- Un inventaire pour la génération de déchets solides, et des mesures de réduction.
- L'amélioration de l'état actuel.
- L'amélioration de l'hygiène et de l'esthétique urbaines par l'organisation d'un réseau de collecte fréquente et d'évacuation des déchets solides.
- La fermeture et la réhabilitation des décharges sauvages, et la création de décharges contrôlées.
- La réalisation de projets pilote, d'actions de démonstration, de projets de sensibilisation et d'éducation environnementale visant à améliorer le comportement environnemental des citoyens.
- L'encouragement d'initiatives privées pour la promotion de la collecte, du tri, du recyclage des déchets, et de la planification et de l'exploitation des décharges contrôlées par des entreprises.
- La réduction du volume des déchets solides, en appliquant le principe "le producteur paie" et "le pollueur paie".

Il est par ailleurs signalé qu'une réforme institutionnelle municipale est introduite dans le cadre de la loi municipale approuvée (charte communale), entrée en vigueur en juillet 2003. La loi prévoit que le conseil municipal sera chargé de la gestion de l'ensemble des services municipaux, y compris la GDS, dans les agglomérations regroupant plus d'une municipalité.

Pendant ces dernières années, le Maroc a réalisé un progrès considérable dans l'amélioration de sa législation environnementale et dans son organisation institutionnelle. Tant le Programme d'Action Stratégique que le Plan d'Action Environnementale National (2002) crée le cadre nécessaire et proposent des actions prioritaires, notamment une infrastructure de dépollution et le renforcement des capacités. La mise en œuvre de ces actions permettrait l'amélioration significative de l'environnement marocain.

III. Identification des impacts de la décharge sur l'environnement

La description du milieu environnant de la décharge publique ainsi que le concept et le procédé de mise en décharge ont permis de mettre en exergue les différentes composantes du milieu pouvant être influencées par l'existence et l'exploitation de ce site pour l'enfouissement des déchets ménagers et assimilés.

3.1 Impacts sur le milieu physique

Les impacts probables analysés sur le milieu physique concernent principalement les eaux souterraines, l'air et le sol.

3.1.1 Impacts de la décharge sur les eaux de surface

La décharge de la ville de Mohammedia est située sur la rive droite de l'oued Elmaleh qui représente l'un des oueds les plus importants de la région.

La décharge est très proche du lit de l'oued Elmaleh ainsi que de ses affluents qui se trouvent à quelques mètres du massif des ordures, d'où le risque de pollution par les eaux de lixiviation produites par les déchets. Ceci constitue une source d'impact direct de la décharge sur les eaux de surface. En effet, en aval de la décharge (l'espace entre l'oued et la clôture de la décharge), on remarque un écoulement du lixiviat vers l'oued. De plus, le cours d'eau situé au Nord de la décharge ainsi que le cours d'eau situé au sud de la décharge sont déjà envahis par les ordures provenant de la décharge. De ce fait les eaux de surface autour de la décharge sont très polluées.

Figure 20: Ecoulement du lixiviat en aval de la décharge

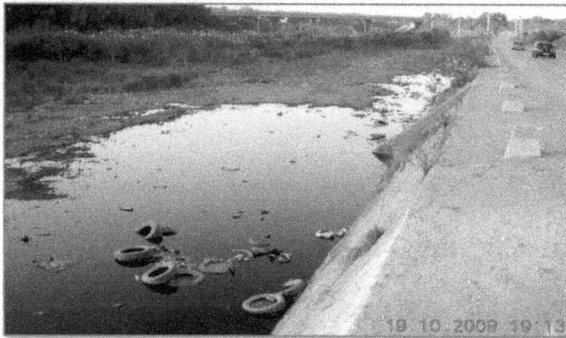

Figure 21: Contamination d'oued Elmaleh par les déchets provenant de la décharge

3.1.2 Impacts de la décharge sur la qualité des eaux souterraines

Aucune analyse chimique des eaux souterraines n'a été prélevée dans la zone d'étude. Mais ceci n'exclue par la possibilité d'une éventuelle contamination par les lixiviats d'où l'existence d'un impact négatif probable, surtout que la décharge existe à quelques mètres au dessus de la nappe de l'oued Elmaleh et que le lixiviat est très abondant dans le site.

3.1.3 Impacts de la décharge sur la qualité du sol

Le sol de la zone de la décharge est constitué par des microgrès qui présentent une perméabilité de l'ordre de 7.10^{-14} m/s.

En l'absence d'une couche d'isolation à la base de la décharge, les lixiviats s'infiltrent à long terme vers les couches inférieures ; ce qui engendre une contamination directe du sol. Le sol est aussi atteint par les envols constitués essentiellement par les produits plastiques qui s'étendent sur une distance d'environ 400 m de la décharge et qui sont emportés soit par le vent ou par les eaux de surface.

Figure 22: Zone à 100m de la décharge touchée par les déchets

3.1.4 Impacts de la décharge sur la qualité de l'air

La mise en dépôt des déchets à l'air libre est à l'origine d'une pollution olfactive potentielle constituant une gêne et une nuisance considérables pour les habitants riverains surtout ceux qui habitent au Sud-ouest de la ville de Mohammedia, les fonctionnaires et les visiteurs du complexe sportif au Nord-ouest de la décharge.

La distance, à laquelle les odeurs nauséabondes (dues aux gaz dégagés), la poussière et la fumée sont perçues, est sujette à une variation importante en fonction de la vitesse du vent. Les gaz dégagés par la décharge sont composés en grande partie par le méthane (55 à 70% ; gaz 20 fois plus dangereux que le CO_2), le CO_2 et le H_2S, on peut dire alors que la décharge a un impact sur l'air et sur le climat et contribue négativement au réchauffement climatique.

Par ailleurs, le vent dominant dans la région souffle de l'Ouest, du Nord et de l'Est en direction de la ville de Mohammedia, du complexe sportif, la route nationale au sud de la décharge ainsi que l'autoroute qui existe au Nord-ouest de la décharge, donc les gens qui empruntent ces deux voies ce rendent compte de l'existence d'une source de mauvaises odeurs dans la région.

Figure 23: Fumée dégagée de la décharge et dégagement de Biogaz

3.2 Impacts sur le milieu biologique

La décharge actuelle de Mohammedia est entourée essentiellement par des terrains agricoles et une forêt. Vu que le terrain de la décharge s'incline vers le Nord-ouest, l'écoulement du lixiviat se fait vers l'oued Elmaleh et probablement vers la forêt, ceci constitue un impact négatif sur les plantations avoisinantes et sur les espèces animales ou végétales vivant dans l'oued.

La faune locale n'échappe pas à cette source d'impact. En effet, un grand nombre de bétails passe souvent sur le site et s'y alimente. Des bovins, des moutons, des chèvres et des chiens ont été observés. Les animaux s'alimentent de déchets comestibles (matières organiques), mais aussi de sacs en plastique. La santé des animaux est menacée. Lors de nombreuses visites au site, nous avons constaté que plusieurs vaches et chèvres étaient atteintes de diarrhées. On ne peut pas exclure que des substances toxiques sont stockées dans le lait et dans la graisse des animaux, présentant ainsi un risque pour les populations lors de leurs consommation. Des rongeurs, des insectes et des oiseaux, attirés par la nourriture qu'ils trouvent dans les déchets, peuvent constituer une gêne pour le voisinage et certains d'entre eux sont susceptibles de propager des maladies et causer par conséquent des épidémies.

Par ailleurs, l'existence de ces troupeaux dans la décharge augmente la difficulté de la gestion du site.

Figure 24: Pâturage et oiseaux dans la décharge de Mohammedia

3.3 Impacts sur le milieu humain

Actuellement, environ 5 personnes sont employées dans la décharge. Le personnel ne prend pas conscience des dangers et des périls inhérents à leur travail.

Plus de 100 chiffonniers travaillent dans la décharge, jours et nuit, dont l'activité est tolérée par la Commune Urbaine. Les chiffonniers habitent en partie dans le bidonville en tôle situé à 20 m de la décharge. Ceci est toléré par la Commune Urbaine.

Le personnel et chiffonniers travaillant sur la décharge sont particulièrement exposés à de gros risques pour leur santé. Ces risques sont dus aux dépôts de déchets à ciel ouvert, aux émissions qui en proviennent et aux incendies créant un nuage de fumée permanant sur la décharge.

La présence de déchets hospitaliers dans les déchets ménagers présente une source de maladies graves pour les chiffonniers qui déambulent sur les déchets trop peu protégés, telle que l'hépatite ou les infections graves.

La décharge publique peut avoir un impact sur le tourisme projeté à la ville des roses (Mohammedia). En raison de pollution du site par les lixiviats écoulant par l'oued Elmaleh et ces affluents.

Non seulement le lixiviat peut avoir des effets graves sur le tourisme, mais aussi les incendies, les fumées et les odeurs nauséabondes émanant en permanence de la décharge. Ils provoquent un aspect visuel très défavorable pour le tourisme, dont l'effet sera non négligeable sur les postes d'emploi fortement lié au tourisme.

Par ailleurs, les feux, allumés par les recycleurs pour extraire certains produits, sont nombreux et accentuent les risques d'explosion tout en créant des nuisances olfactives importantes, qui sont véhiculés par le vent.

Mais il se trouve, en contre partie, qu'il y a un impact positif de la décharge sur le milieu humain, notamment sur les recycleurs ou les chiffonniers qui vivent à partir de la matière recyclable de la décharge. En effet, tous les chiffonniers dans la décharge n'ont aucune source d'argent autre que la décharge de Mohammedia, ils gagnent entre 100 à 300 Dh/jour chacun par le triage des déchets. Ceci constitue une grande contrainte contre le projet de réhabilitation de la décharge, du fait que la majorité des chiffonniers s'opposent au projet sous prétexte du manque d'emploi.

Le tableau ci-après résume les impacts de la décharge et leurs conséquences sur l'environnement :

Tableau 4 : Nuisances crées par la décharge [12]

Lixiviats	Biogaz	Animaux errants	Déchets solides	Aspect visuel, etc.
Conséquences directes :				
Contamination : - du sol - de la nappe phréatique - des cours d'eau - des mers	- odeurs - explosions - incendies - pollutions atmosphérique	- parasites de la décharge - destruction de la faune et de la flore	- éboulements - déchets volants - blessures sur objets coupant - tassement	- sécurité - paysages modifiés
Conséquences indirectes :				
- intoxications par l'eau de consommation - épidémies - destruction de la faune et de la flore	- intoxications - asphyxie - effet de serre - maladies type cancers	- vecteurs de maladies - épidémies - infections dues : aux morsures, aux griffes	- infections	- sur le tourisme - opposition de citoyens

IV. EVALUATION ENVIRONNEMENTALE

Afin de porter un jugement sur la décharge de Mohammedia, une méthode d'évaluation développée par la SPAQUE (Société Publique d'Amélioration de la Qualité de l'Environnement-Belgique) a été utilisée. Il s'agit d'une technique qui se base sur le remplissage d'une grille d'évaluation permettant de situer et d'évaluer les risques de nuisances que présentent les déchets sur l'environnement. Le bilan environnemental tient compte des rubriques suivantes :

- Etat physique et nature des déchets ;
- Volume du dépotoir ;
- Nature du substratum ;
- Proximité d'une eau de surface ;
- Emissions ;
- Exposition directe des personnes ;
- Approvisionnement en eau potable ;
- Utilisation des sols ;
- Ecosystème.

La cotation finale attribuée à la décharge est de 100 points.

Tableau 5: Grille d'évaluation environnementale de la décharge sauvage de Mohammedia

Rubriques	Commentaires	Côtes attribuées	Côtes attribuées maximum
Etat physique et nature des déchets	Déchets ménagers, inertes, toxiques, industriels	8	10
Volume du dépotoir	Volume est de l'ordre de 2 600 000 m^3	5	5
Nature du substratum	Calcaires relativement imperméables	3	10
Proximité d'une eau de surface	Lieu de déversement à la rive de l'oued Elmaleh	15	15
Emissions	Déchets non recouverts	10	10
Exposition directe des personnes	Moins de 30 m	15	15
Approvisionnement en eau potable	Absence de prise d'eau à moins de 2km	0	20
Utilisation des sols	Habitations, zones agricoles et forêt	10	10
Ecosystème	Ordures visibles et à l'air libre	5	5
Total		71	100

Le site de la décharge de Mohammedia présente un bilan environnemental plus ou moins lourd (>50 points) qui traduit une situation préoccupante incitant à la réhabilitation et à la fermeture du site dans le respect des règles de l'art.

Dans l'attente de l'aménagement du nouveau centre d'enfouissement technique dans la commune de Bni Yekhlef, la phase transitoire consiste à poursuivre l'exploitation de la décharge actuelle. L'exploitation doit se poursuivre pendant une période suffisante pour le commencement de l'exploitation du CET, et qui commence en janvier 2012.

Les travaux de réhabilitation du site devront conduire les terrains vers une remise en état intégrée à l'environnement et au paysage naturel du site.

QUATRIEME CHAPITRE

AMENAGEMENT ET REHABILITATION DE LA DECHARGE SAUVAGE DE MOHAMMEDIA

I. RAPPEL DES OBJECTIFS DE REHABILITATION DE LA DECHARGE

La réhabilitation de la décharge de Mohammedia à pour objectifs de:

- Poursuivre l'exploitation de la zone non saturée pendant une période transitoire, correspondant à celle nécessaire pour la construction d'un centre d'enfouissement technique dans la commune de Bni Yekhlef à la province de Mohammedia;
- Améliorer les conditions d'enfouissement des déchets dans cette période transitoire et minimiser au maximum les nuisances ;
- Définir des scénarios de travaux de remise en état ;
- Minimiser au maximum la surface occupée par les déchets ;
- La réhabilitation du site de la décharge de Mohammedia vise à supprimer les risques de pollution du milieu naturel. Toute intervention sur le site ne doit en aucun cas engendrer un risque supplémentaire de pollution.

II. LES POSSIBILITES POUR LA REHABILITATION

Plusieurs scénarios de réhabilitation peuvent être apportés et qui ont chacun un effet et un coût distinct. La solution absolue consiste à reprendre tous les déchets en place et les transporter dans un site sécurisé, sous contrôle, tel que l'aménagement d'un nouveau CET pour l'enfouissement des déchets anciens. Ce type de travaux d'assainissement est réalisé dans les rares cas où la nappe phréatique sous-jacente revêt une importance capitale pour l'approvisionnement en eau régionale, ce qui n'est pas le cas de cette décharge. En plus les volumes disponibles sont trop importants pour un mouvement éventuel (> 1500000 m^3) et cette solution serait insupportable économiquement par la préfecture de ville de Mohammedia.

Partant des résultats de l'évaluation environnementale de cette décharge, un plan de réhabilitation conforme au danger réel que constituent ces dépôts peut être avancé. Il consiste au :

- Rassemblement des déchets afin de réduire les surfaces actuellement occupées;
- Reprofilage du site afin d'assurer une pose aisée du système de couverture;
- Mise en place d'un complexe d'étanchéité ;

- Mise en place d'un système de dégazage;
- Inventaire et élimination de toute source de nuisance à l'environnement liée à l'activité de la décharge, que ça soit à l'intérieur de la clôture ou en dehors ;
- Clôture du site ;
- Surveillance du site et gestion de tout nouveau dépôt sauvage ;
- Intégration du site au paysage naturel et à son environnement.

2.1 Reprofilage du massif des déchets

Le reprofilage consiste en un mouvement de remblai/déblai des déchets, pour enfin aboutir à une forme finale du massif qui doit assurer à la fois sa stabilité et la continuité de l'exploitation de la décharge jusqu'au 1er janvier 2012. La forme de la décharge, telle qu'elle est représentée dans le levé topographique réalisé en février 2010 (annexe), est irrégulière et mal structurée, il y a des zones de grandes pentes et des zones de très faibles pentes. Cette forme anarchique va poser problèmes aux prochains dépôts de déchets, du fait que la décharge actuelle doit être exploitée au moins jusqu'à janvier 2012.

Le reprofilage a pour objet de réorganiser les dépôts de déchets au niveau de la décharge, pour pouvoir recueillir d'autres quantités de déchets au cours de l'exploitation à venir. Il a aussi un autre objet, c'est de stabiliser le massif des déchets , en les mettant en réserve dans des pentes suffisamment stables, tels qu'ils ont été prouvés par les experts en la matière, les critères de stabilité des dépôts de déchets imposent des pentes maximales de 1/3 soit environ 33%. On essaye aussi à travers le reprofilage du massif à obtenir une forme qui permettra la réinsertion de la décharge dans le paysage naturel environnant.

Nous avons calculé le volume des déchets qui doivent être déposés dans la décharge actuelle depuis février 2010 jusqu'à janvier 2012, date fixée par les autorités locales de la province de Mohammedia pour le début d'exploitation de la décharge contrôlée dans la commune de Ben Yekhlef, en tenant compte de la croissance démographique de la ville de Mohammedia et de la quantité de déchets collectés par les chiffonniers (10%), et en prenant en considération les déchets qui peuvent provenir d'autres endroits autre que la ville de Mohammedia (10%) :

On a, 175500 Tonnes de déchets qui seront produits à l'horizon 2012 ; En terme de volume, environ 175500/0.9= 195000 m3 seront produits, et qui seront impérativement stockés dans la décharge actuelle.

Après reprofilage, le massif adopte une forme de dôme avec une pente de 33% en aval, c'est-à-dire au pied de la décharge et une pente inférieure à 18% dans la partie médiane du massif avec une plateforme de 60 m de longueur et 0,9% en pente, et une pente d'environ 5% en tête, comme il est affiché dans la coupe du massif ci-après. En faisant la différence entre le levé topographique avant reprofilage et le levé après reprofilage, on trouve que la décharge peut recevoir jusqu'à 205000 m3 de déchets.

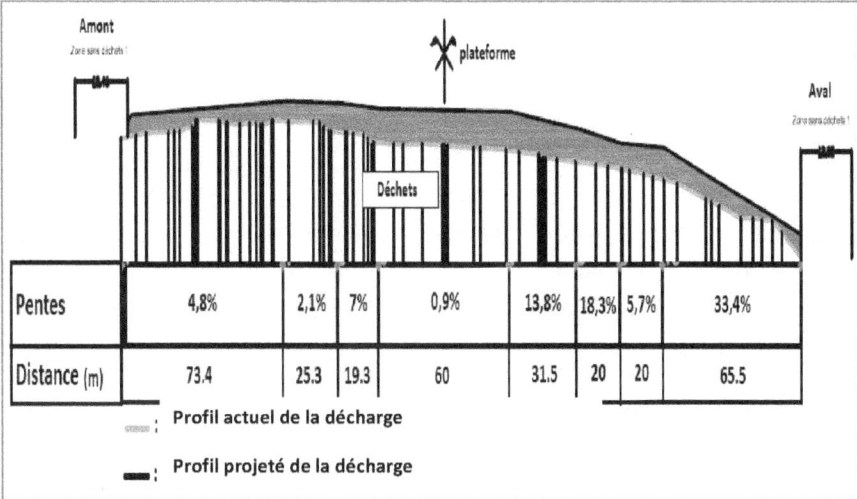

| Amont | | | | plateforme | | | | Aval | |

Pentes	4,8%	2,1%	7%	0,9%	13,8%	18,3%	5,7%	33,4%
Distance (m)	73.4	25.3	19.3	60	31.5	20	20	65.5

⋯ : **Profil actuel de la décharge**

▬ : **Profil projeté de la décharge**

Figure 25: Profil de la décharge de Mohammedia

Le déblayage des déchets est très couteux, dans ce projet, il vaut mieux remblayer en bénéficiant du volume de déchets qui sera déposé dans la décharge au cours de son exploitation, en vu de reprofiler la décharge.

2.2 Mise en place de la digue périphérique

2.2.1 Choix du type de la digue- profil général

La hauteur d'une digue est définie comme la hauteur entre le niveau le plus bas du terrain naturel avant travaux et la cote de sa crête. En règle générale, une digue est conçue pour être étanche.
Les grands types de digues en terre sont constitués de :

- Digues en terre homogène, constitués de matériaux argileux étanches ;
- Digues à zones avec noyau central assurant l'étanchéité : c'est ce type que nous proposons pour ce genre de projet, car elle est économique et elle est techniquement fiable et assurant de point de vue étanchéité et stabilité. L'argile à mettre dans le noyau doit être bien compactée jusqu'à l'optimum Proctor. Le compactage se réalise horizontalement par couches de 30 à 40 cm, en respectant la meilleure teneur en eau dans le matériau (95% de l'optimum Proctor). Ce type de digues sera installer uniquement en aval du talus des déchets, là où le lixiviat est très abondant.
- Digues en matériaux perméables munis d'un dispositif d'étanchéité artificielle.[16]

Il est économiquement préférable d'utiliser les matériaux du site s'ils sont de qualité satisfaisante et en quantité suffisante (1,5 à 2 fois le volume du remblai).

Si l'on ne dispose pas de matériaux argileux susceptibles d'assurer l'étanchéité, on peut recourir à une étanchéité artificielle principalement sous la forme d'une géomembrane.

Le choix définitif du type de digue en terre se fait en fonction du résultat de l'étude du sol.

Un ancrage est parfois nécessaire pour la stabilité des ouvrages.

Les paramètres qui entrent en jeux dans le dimensionnement des digues en terre dans les décharges sauvages sont :

- Hauteur ;
- Longueur ;
- Pente des talus ;
- Largeur en crête.

2.2.2 Hauteur de la digue

La digue est amenée principalement à arrêter l'infiltration du lixiviat prevenant des déchets et à stabiliser le pied du talus en question. La détermination de sa hauteur dépend de l'épaisseur de la tranche horizontale observée humide au niveau du pied du massif et qui révèle le niveau piézométrique du lixiviat . Dans la décharge, l'épaisseur de cette partie est comprise entre 1m et 1,2m. En guise de sécurité, la hauteur de la digue sera de 1,5m.

2.2.3 Longueur de la digue

Ce paramètre dépend de la forme du massif des déchets après reprofilage, par rapport aux terrains naturels. La digue est recommandée là où le massif des déchets dépasse en altitude le terrain naturel et il y a risque d'infiltration de petites quantités de lixiviat vers la nature, dans ces endroits la digue sera construite par le tout venant et elle aura comme rôle principale d'assurer la stabilité de la partie des déchets en excès. La digue dans ce projet a 743 m de longueur. La figure suivante présente le contour de la digue dans le massif, élaborée par COVADIS 2004 :

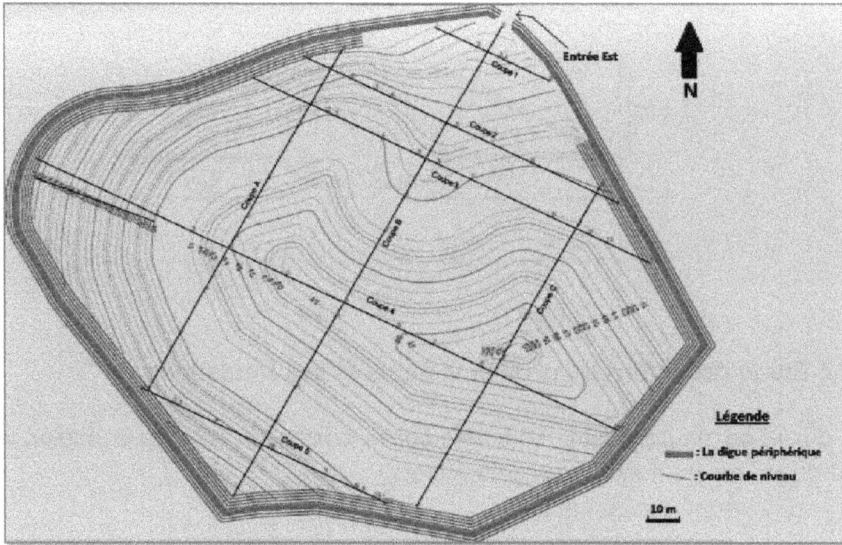

Figure 26: Périmètre de la digue périphérique

2.2.4 Pente des talus

Le pendage du talus des digues est à faire valider par une étude de stabilité fonction des matériaux utilisés. Par défaut, une pente de talus de 2 / 1 doit être considérée comme un minimum.

Sur certaines configurations, il peut être intéressant de réaliser une risberme. C'est un passage horizontal sur le parement amont ou aval qui permet notamment de mieux soutenir le talus et/ou de rendre possible l'exploitation de l'ouvrage.

Attention: Ne pas oublier de prendre en compte l'érosion superficielle due aux précipitations directes. Plus la pente du talus est forte, plus il sera fragile même si la stabilité générale n'est pas remise en cause.

2.2.5 Largeur en crête

Une largeur de 4 m est recommandée lorsqu'il y a circulation d'engins. La largeur minimum doit être dans tous les cas de 3 m quelque soit la hauteur de la digue pour assurer la sécurité de l'ouvrage (étanchéité, conditions de compactage par rouleaux plats ou à pied de mouton...). Pour drainer les eaux de pluies, la crête doit être inclinée à 3%, le pendage sera vers l'aval.
La figure ci-après montre la forme proposée pour la digue :

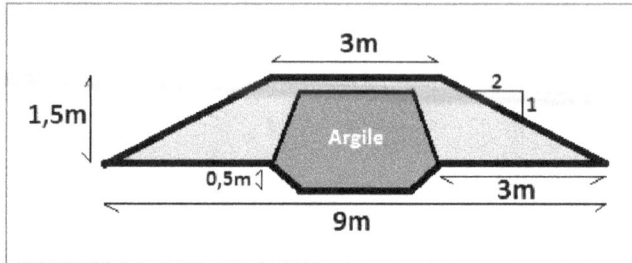

Figure 27:Forme de la digue

2.2.6 Etude des infiltrations dans la digue et ses fondations

La digue ne pouvant être complètement étanche, il importe d'étudier les infiltrations qui permettront de déterminer:
  o La ligne de saturation ;
  o La pression de l'eau interstitielle dans le massif ;
  o Le débit de fuite.

Dans le cadre de ce projet où nous visant à empêcher l'infiltration du lixiviat, un dispositif de drainage du lixiviat, comme on va le voir après, sera mise en œuvre en amont de la digue pour assurer son drainage. En plus, après la réhabilitation de la décharge, les quantités de lixiviat qui seront produites sont négligeables. Dans ce cas de figure, on peut considérer que les infiltrations du lixiviat dans la digue et ses fondations sont négligeables.

2.2.7 Phénomène de Renard

A l'aval de la digue, l'eau entraine les particules de terrains. Dès que les grains sont enlevés, ceux qui les environnent sont à leur tour emportés, ce qui crée une sorte de galerie qui remonte progressivement de l'aval vers l'amont. Plus cette galerie se forme, plus sa surface de drainage augmente et le flux d'eau qui s'écoule grandit. Lorsque le renard atteint la retenue d'eau, il se forme une fuite brutale et toute la digue risque d'être emportée. Plus la cohésion est faible et plus les grains sont petits, plus le risque de renardage est élevé.

Beaucoup de raisons font que ce phénomène n'influence pas beaucoup sur la stabilité de la digue :

- La charge du lixiviat est faible (1m) ;
- La base de la décharge est constituée de microgrès qui sont peut perméables et leur cohésion est grande;
- Le lixiviat est collecté et évacué en amont de la digue.

2.2.8 Etude de stabilité

a. Stabilité au renversement

Ce type de rupture ne sera pas calculé du fait qu'elle n'est pas envisageable pour le type de structure qu'on a, structure souple. En effet, il est presque impossible que le barrage tourne vers l'aval du massif. A la limite, ceci peut être un processus d'amorçage dans ce sens que même s'il commençait à intervenir, les contraintes deviendraient très grandes, ce qui fait qu'on aura une rupture du sol. Le talus des déchets solides en contact de la digue a une pente de 33% par rapport à l'horizontale, ce qui veut dire que les forces qui sont appliquées sur la digue sont principalement le poids de la partie des déchets au dessus de la digue et la faible poussée du lixiviat, ces forces ne vont pas mener en aucun cas au renversement de la digue.

b. Stabilité interne

Seulement, ce type de rupture n'est pas à craindre pour la simple raison que la souplesse de la structure fait que les contraintes qui sont dans l'élément ne sont pas importantes.

c. Stabilité au glissement

La stabilité au glissement du barrage est celle qui est la plus dangereuse. Elle concerne aussi bien le talus amont que le talus aval sur sa fondation. Cependant on fait le calcul sur le talus aval qui est considéré comme étant le plus critique vu les matériaux qui le constituent. L'hypothèse de base établie est que l'on prend la surface de la rupture comme étant un cercle à axe horizontal appelé cercle de glissement.

A partir de cette hypothèse, on découpe le terrain en tranches verticales de faible épaisseur juxtaposées et on étudie l'équilibre de l'ensemble à la limite du glissement le long du cercle. Il existe plusieurs méthodes de calcul suivant les hypothèses faites sur les interactions entre les tranches et sur la pression interstitielle.

La méthode utilisée est celle de BISHOP simplifiée appliquée au programme d'ordinateur "Talren 4". C'est une méthode basée sur l'étude de l'équilibre d'une tranche de talus verticale d'épaisseur unitaire et délimité par un cercle de glissement. La portion de talus intérieure au cercle de glissement choisi est en équilibre limite lorsque la somme des moments dû aux forces de gravité M_{jg} est égale à la somme des moments résistants dus aux forces de cohésion et de frottement M_{jef} développées sur la surface de rupture. On évalue ainsi le coefficient de sécurité $F = M_{jg} / M_{jef}$.

La vérification de la stabilité de la digue se fera en 5ème chapitre, dans le cadre de l'étude de la stabilité du massif de déchets après réhabilitation.

2.3 Mise en place de la couverture

La couverture de la décharge est la composante la plus importante du projet de réhabilitation de la décharge de Mohammedia, elle doit être à la fois étanche et stable pour le grand nombre de rôles qu'elle joue dans le cadre du projet, on en cite :

- Protection durable du massif des déchets contre l'infiltration des eaux de ruissellement, qui sont en grande partie à l'origine de grandes quantités de lixiviat, et d'instabilité du massif des déchets à cause des pressions interstitielles engendrées par l'eau infiltrée ;
- Confinement du biogaz pour le collecter ;
- La couverture sert à lutter contre la dispersion des déchets plastiques dans la nature par différents agents ;
- La couverture empêche mécaniquement les animaux et les chiffonniers d'atteindre les déchets, pour leur bien être et pour diminuer les risques sur leur santé ;
- La couverture est la composante principale qui assure l'insertion de la décharge dans son paysage naturel, et elle permet en parallèle d'avoir une bonne impression visuelle sur le site en cachant les ordures mises dans la décharge ;
- Isolation thermique des déchets.

La couverture peut être réalisée, soit à la base de matériaux locaux (Argile, tout-venant..) existants près de la décharge, soit à la base de géosynthétiques (Géomembrane, géotextile, géosynthétique de renforcement..). Il existe bien évidemment une différence notable entre les deux possibilités, ceci en termes d'efficacité, de stabilité et du coût. Pour le présent projet, le type de couverture qui a été choisi est à base des matériaux locaux. Une couche d'argile compactée de 1m d'épaisseur posée sur les déchets et au dessus de cette couche d'argile 30 cm de terre végétale.

Dans ce qui suit, nous allons comparer la couche d'argile compactée avec les géosynthétiques, car la terre végétale et la couche de forme seront utilisées dans les deux cas. La différence entre les deux dispositifs d'étanchéité figure à l'échelle de la partie de la couverture qui sera occupée soit par l'argile ou par les géosynthétiques.

2.3.1 Aspect économique

L'aspect économique est très important dans tous les projets et il faut en tenir compte dans n'importe quelle étude de faisabilité. Le coût de la mise en place de la couche d'argile de 1m d'épaisseur (HT, tout compris : Achat, installation, transport..) vaut 40 Dh/m3. La configuration standard de recouvrement par géosynthétique est composée du bas en haut de:

- Géocomposite de drainage ;
- Géomembrane PEHD ;
- Géocomposite drainant antipoinçonnement: Ce géocomposite permet de réduire la charge hydraulique sur la géomembrane et ainsi d'augmenter l'efficacité du Dispositif d'Etanchéité par Géosynthétiques (DEG) [14].

L'absence de données relatives au coût de la mise en place de géosynthétiques à la décharge de Mohammedia, ne permet pas de comparer qualitativement entre les deux types de couverture, mais ce qui est sûr c'est que le coût de la mise en place des géosynthétiques est beaucoup plus élevé par rapport au coût de la mise en place de la couche d'argile (exemple de la décharge de Khouribga où le coût des géosynthétiques est 145 Dh/m2, quant à le coût d'argile, il vaut 93 Dh/m3) [10].

2.3.2 Analyse de la stabilité

On se base dans l'analyse de la stabilité au glissement de la couverture sur les hypothèses et les équations développées par la norme expérimentale française (AFNOR- G 38-067), publiée le 31 juillet 2010 et qui traite la stabilisation d'une couche de sol mince sur pente, la justification du dimensionnement et les éléments de conception. Une couche est dite mince lorsque son épaisseur est inférieure ou égal à 5% de la longueur du talus. Ce document n'est appliqué qu'aux talus d'inclinaison constante sur la hauteur considérée et pour des couches de sol minces et d'épaisseur constante. Il ne s'applique pleinement qu'aux projets relevant de la catégorie géotechnique 2, c'est-à-dire aux ouvrages courants qui ne présentent pas de risques exceptionnels et ne sont pas exposés à des conditions de terrain ou de chargement difficile.

A titre indicatif, il n'existe pas de travaux de normalisation internationaux ou européens traitant du même sujet.

La structure de recouvrement est généralement constituée de deux à plusieurs couches de sols différents et, elles sont considérées comme un bloc monolithe pour le calcul de dispositif sous-jacent. Il convient dans ce cas de vérifier la stabilité au cisaillement interne des couches et la stabilité à l'interface des couches, du fait que la stabilité de l'ouvrage dépend de la résistance au cisaillement interne de la couche de recouvrement et de la résistance au glissement aux différentes interfaces. Le principe de fonctionnement est donné par le schéma suivant :

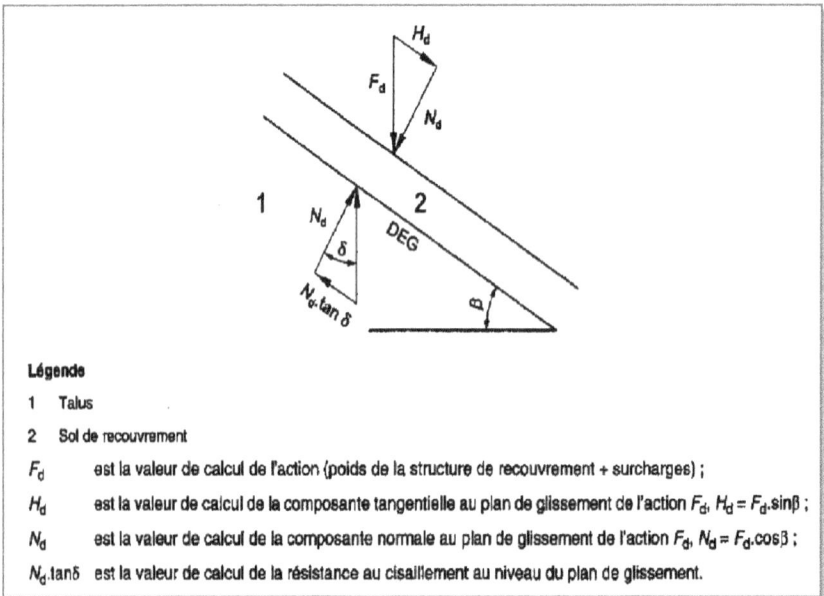

Légende

1   Talus

2   Sol de recouvrement

F_d est la valeur de calcul de l'action (poids de la structure de recouvrement + surcharges) ;

H_d est la valeur de calcul de la composante tangentielle au plan de glissement de l'action F_d, $H_d = F_d.\sin\beta$;

N_d est la valeur de calcul de la composante normale au plan de glissement de l'action F_d, $N_d = F_d.\cos\beta$;

$N_d.\tan\delta$ est la valeur de calcul de la résistance au cisaillement au niveau du plan de glissement.

Figure 28: Principe de fonctionnement de la structure de recouvrement sur un talus

La vérification de la stabilité au glissement de la couche de recouvrement comprend les justifications suivantes qui s'effectuent selon une démarche commune :

- o Stabilité au cisaillement des matériaux de recouvrement : on considérera un plan de glissement dans l'épaisseur du matériau d'apport.
- o Stabilité de la couche de recouvrement sur le dispositif géosynthétique : on considérera un plan de glissement au contact du géosynthétique de stabilisation.

a. La couverture par les matériaux locaux

Dans ce projet, la couche d'argile de 1m d'épaisseur sera compactée par paquets de couches de 30 cm d'épaisseur, donc il y a superposition d'au moins 3 couches d'argile compactées dans la grande couche d'argile, en plus de la couche de terre végétale. Dans ce cas, tel qu'il est défini dans la norme, la vérification de la stabilité au cisaillement des matériaux de recouvrement doit se faire également au droit des interfaces. Le schéma suivant représente en gros le dispositif de recouvrement en utilisant l'argile :

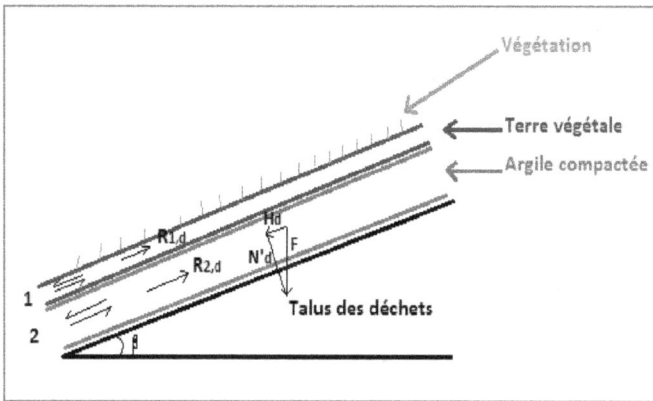

Figure 29: Décomposition des forces affectant la couverture

Tels que :

1 : Cas d'un glissement dans l'épaisseur de la couche de la terre végétale ;

2 : Cas d'un glissement dans l'épaisseur de la couche d'argile compactée ;

H_d : La valeur de calcul de la composante tangentielle au plan de glissement de la résultante des actions appliquées au bloc de matériau sus-jacent, elle est donnée par l'équation suivante :

$$H_d = (1{,}35.\,\gamma_{sat.e} + 1{,}5.s_K).L_a.\sin\beta \qquad (4.1)$$

γ_{sat} : Poids volumique saturé ;

L_a : La longueur développée du talus ;

β : L'angle du talus par rapport à l'horizontale ;

e : épaisseur de la couche ;

s_K : La valeur de la surcharge. Dans les conditions normales du projet, on considère qu'il n'y a pas de surcharge durable.

$R_{i,d}$: La valeur de calcul de la résistance ultime au glissement du bloc de matériau sus-jacent sur l'interface i. Cette valeur doit être déterminée en conditions drainées à partir des équations suivantes :

$$R_d = (1/\gamma_{R\,;h}).(N'_d.\tan\delta_{a\,;K} + L_a.c'_K) \qquad (4.2)$$

en cas d'interaction sol-sol

$\gamma_{R\,;h}$: Le facteur partiel pour la résistance au glissement du sol= 1,1 ;

$\delta_{a\,;K}$: La valeur caractéristique de l'angle de frottement à l'interface du plan considéré, $\delta_{a\,;K} = \varphi'$;

L_a : La longueur développée du talus ;

c'_K : La cohésion à long terme du matériau de recouvrement considéré.

N'_d : La valeur de calcul de la composante normale au plan de glissement de la charge effective transmise par la couche de matériau sus-jacent. Pour cette composante on prend le cas le plus défavorable, en choisissant la valeur du poids volumique saturé et non pas humide des couches sus-jacentes.

La stabilité de la couche est vérifiée lorsque $H_d \le R_{i,d}$, dans le cas contraire la couche est jugée instable, ce qui incite à revoir le dispositif.

Dans ce qui suit, on travaillera sur la partie de talus dont la pente est de 33%, en présumant que c'est la partie la plus défavorable en termes de stabilité dans tout le massif. Il existe une autre partie en tête du massif des déchets ayant une pente inférieure à 18%. Si les couches sont stables dans la pente de 33% (β), ils le seront dans la pente inférieure à 18%, mais cela n'empêche de vérifier la stabilité pour ce dernier cas. La longueur de ce talus (L_a) égale à 66,5 m. on considère à ce niveau que la densité in situ de l'argile vaut 1,75 t/m^3.

- **Etude de la stabilité de la première couche d'argile :**

$$H_d = 327 \text{ kN/m}$$

$s_K = (0{,}66.1.1{,}75.10.10^{-3} + 17.0{,}3) = 5{,}11 \text{ kPa}$: la surcharge appliquée par les couches sus-jacentes.

Vis-à-vis du cisaillement interne du sol en conditions drainées :

$$N'_d = (1{,}35. \gamma_{sat}.e + 1{,}5.s_K).L_a.\cos\beta = 992 \text{kN/m} \qquad \textbf{(4.3)}$$

Et $\qquad R_d = (1/\gamma_{R\ ;h}).(N'_d.\tan\delta_{a\ ;K} + L_a.c'_K)$; $\delta_{a\ ;K} = \varphi'$ $\qquad \textbf{(4.4)}$

$$R_{4,d} = 579 \text{ kN/m}$$

On remarque que $H_d < R_{4,d} \implies$ La stabilité interne de la couche est vérifiée

Vis-à-vis du cisaillement d'interface du sol-déchets en conditions drainées :

$$N'_d = (1{,}35. \gamma_{sat}.e + 1{,}5.s_K).L_a.\cos\beta = 992 \text{kN/m} \qquad \textbf{(4.5)}$$

Et $\qquad R_d = (1/\gamma_{R\ ;h}).(N'_d.\tan\delta_{a\ ;K} + L_a.c'_K)$; $\delta_{a\ ;K} = \varphi'$ $\qquad \textbf{(4.6)}$

$$R_{5,d} = 534{,}8 \text{ kN/m}$$

On remarque que $H_d < R_{5,d} \implies$ La stabilité est vérifiée

- **Etude de la stabilité de la 2ème couche d'argile :**

$$H_d = 326 \text{ kN/m}$$

$s_K = (0{,}33.1.1{,}75.10.10^{-3} + 17.0{,}3) = 5{,}1 \text{ kPa}$: la surcharge appliquée par les couches sus-jacentes.

Vis-à-vis du cisaillement interne du sol en conditions drainées :

$$N'_d = (1{,}35. \gamma_{sat}.e + 1{,}5.s_K).L_a.\cos\beta = 1046{,}2 \text{ kN/m} \qquad \textbf{(4.6)}$$

Et $\qquad R_d = (1/\gamma_{R\ ;h}).(N'_d.\tan\delta_{a\ ;K} + L_a.c'_K)$; $\delta_{a\ ;K} = \varphi'$ $\qquad \textbf{(4.7)}$

$$R_{3,d} = 611 \text{ kN/m}$$

On remarque que $H_d < R_{3,d} \implies$ La stabilité est vérifiée

Vis-à-vis du cisaillement d'interface du sol-sol en conditions drainées :

$$N'_d = (1{,}35. \gamma_{sat}.e + 1{,}5.s_K).L_a.\cos\beta = 1046{,}2 \text{ kN/m} \qquad \textbf{(4.8)}$$

Et $\qquad R_d = (1/\gamma_{R\ ;h}).(N'_d.\tan\delta_{a\ ;K} + L_a.c'_K)$; $\delta_{a\ ;K} = \varphi'$ $\qquad \textbf{(4.9)}$

$$R_{4,d} = 611 \text{ kN/m}$$

On remarque que $H_d < R_{4,d}$ $\implies$ La stabilité est vérifiée

- **Etude de la stabilité de la 3ème couche d'argile :**
$$H_d = 324,6 \text{ kN/m}$$

s_K= 17.0,3= 5,099 kPa : la surcharge appliquée par les couches sus-jacentes.

Vis-à-vis du cisaillement interne du sol en conditions drainées :

$$N'_d = (1,35. \gamma_{sat}.e + 1,5.s_K).L_a.\cos\beta = 1046 \text{ kN/m} \qquad \textbf{(4.10)}$$

Et $\quad R_d = (1/\gamma_{R\ ;h}).(N'_d.\tan\delta_a\ _{;K} + L_a.c'_K)\ ;\ \delta_a\ _{;K} = \varphi'$ $\qquad \textbf{(4.11)}$

$$R_{2,d} = 611,3 \text{ kN/m}$$

On remarque que $H_d < R_{2,d}$ $\implies$ La stabilité est vérifiée

Vis-à-vis du cisaillement d'interface du sol-sol en conditions drainées :

$$N'_d = (1,35. \gamma_{sat}.e + 1,5.s_K).L_a.\cos\beta = 1046 \text{ kN/m} \qquad \textbf{(4.12)}$$

Et $\quad R_d = (1/\gamma_{R\ ;h}).(N'd.\tan\delta_a\ _{;K} + L_a.c'_K)\ ;\ \delta_a\ _{;K} = \varphi'$ $\qquad \textbf{(4.13)}$

$$R_{3,d} = 611,3 \text{ kN/m}$$

On remarque que $H_d < R_{3,d}$ $\implies$ La stabilité est vérifiée

- **Etude de la stabilité de la couche de terre végétale :**
$$H_d = 159,8 \text{ kN/m}$$

s_K= 0 kPa : absence de la surcharge au dessus de la terre végétale.

Vis-à-vis du cisaillement d'interface du sol-sol en conditions drainées :

$$N'_d = (1,35. \gamma_{sat}.e + 1,5.s_K).L_a.\cos\beta = 486 \text{ kN/m} \qquad \textbf{(4.14)}$$

Et $\quad R_d = (1/\gamma_{R\ ;h}).(N'_d.\tan\delta_a\ _{;K} + L_a.c'_K)\ ;\ \delta_a\ _{;K} = \varphi'$ $\qquad \textbf{(4.15)}$

$$R_{1,d} = 263,8 \text{ kN/m}$$

On remarque que $H_d < R_{1,d}$ $\implies$ La stabilité est vérifiée

Vis-à-vis du cisaillement d'interface du sol-sol en conditions drainées :

$$N'_d = (1,35. \gamma_{sat}.e + 1,5.s_K).L_a.\cos\beta = 486 \text{ kN/m} \qquad \textbf{(4.16)}$$

Et $\quad R_d = (1/\gamma_{R\ ;h}).(N'_d.\tan\delta_a\ _{;K} + L_a.c'_K)\ ;\ \delta_a\ _{;K} = \varphi'$ $\qquad \textbf{(4.17)}$

$$R_{2,d} = 286,9 \text{ kN/m}$$

On remarque que $H_d < R_{2,d}$ $\implies$ La stabilité est vérifiée

On constate que la stabilité de la couverture par les matériaux locaux est vérifiée, donc la couverture est stable et il nous reste maintenant à voir la stabilité de la couverture en utilisant les géosynthétiques.

b. Le recouvrement par géosynthétiques

Le dispositif de recouvrement qu'on propose pour le projet de la réhabilitation de la décharge de Mohammedia est composé d'une couche de forme au dessus de laquelle on met un géocomposite drainant et dessus une géomembrane PEHD, on met au dessus de la géomembrane du géotextile de protection et finalement une couche de terre végétale.

A la différence du cas précédant et dans le cas de l'interaction sol-géosynthétique support, la relation de Rd est donnée comme suit :

$$R_d = (1/\gamma_{R\,;f}).(N'_d.\tan\delta_{a\,;K}) \qquad (4.18)$$

$\gamma_{R\,;f}$: Le facteur partiel pour la résistance au glissement d'interface= 1,35 ;

$\delta_{a\,;K}$: La valeur caractéristique de l'angle de frottement à l'interface du plan considéré, $\delta_{a\,;K} < \varphi'$;

L_a : La longueur développée du talus ;

c'_K : La cohésion à long terme du matériau de recouvrement considéré.

N'_d : La valeur de calcul de la composante normale au plan de glissement de la charge effective transmise par la couche de matériau sus-jacent.

- **<u>Etude de la stabilité de la couche de recouvrement :</u>**
  H_d= 159,8 kN/m
  s_K= 0 kPa : absence de la surcharge au dessus de la terre végétale

Vis-à-vis du cisaillement d'interface du sol-sol en conditions drainées :

$$N'_d = (1,35.\gamma_{sat}.e + 1,5.s_K).L_a.\cos\beta = 486 \text{ kN/m} \qquad (4.19)$$

Et $\qquad R_d = (1/\gamma_{R\,;h}).(N'_d.\tan\delta_{a\,;K} + L_a.c'_K) \; ; \; \delta_{a\,;K} = \varphi' \qquad (4.20)$

$\qquad R_{1,d}$= 263,8 kN/m

On remarque que $H_d < R_{1,d}$ $\implies$ La stabilité est vérifiée

<u>Vis-à-vis du glissement d'interface sol-géocomposite supérieur:</u>

$$R_{2\ ;d} = (1/\gamma_{R\ ;f}).(N'_d.\tan\delta_{a\ ;K})\ ;\ \delta_{a\ ;K} < \varphi' \tag{4.21}$$

$\delta_{a\ ;K} = 22°$ (d'après la norme expérimentale XP G38-067)

$R_{2\ ;d} = 145,4$ kN/m

On remarque que $H_d > R_{1,d} \implies$ La stabilité n'est pas vérifiée, donc il faut revoir le dispositif.

La longueur du talus influence beaucoup sur la stabilité de la couverture, il vaut mieux construire un site d'ancrage intermédiaire de géosynthétiques au sein du même talus en créant une risberme, pour diminuer le La et pour bien fixer le dispositif de recouvrement. La meilleure solution, c'est de mettre l'ancrage intermédiaire au milieu du talus, comme ça $L_a = 33,2$ m.

Nous allons revérifier la stabilité de la couverture lorsque $L_a = 33,2$ m ;

La figure ci-après résume la technique d'ajout d'un ancrage intermédiaire :

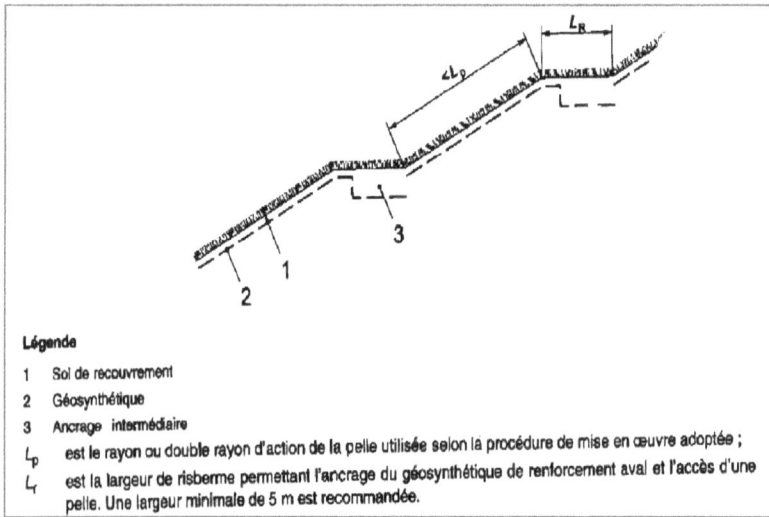

Légende

1   Sol de recouvrement

2   Géosynthétique

3   Ancrage intermédiaire

L_p est le rayon ou double rayon d'action de la pelle utilisée selon la procédure de mise en œuvre adoptée ;

L_r est la largeur de risberme permettant l'ancrage du géosynthétique de renforcement aval et l'accès d'une pelle. Une largeur minimale de 5 m est recommandée.

Figure 30: Ancrage intermédiaire

- **<u>Etude de la stabilité de la couche de recouvrement pour $L_a = 33,2$ m :</u>**

$H_d = 79,8$ kN/m

$s_K = 0$ kPa : absence de la surcharge au dessus de la terre végétale

<u>Vis-à-vis du cisaillement d'interface du sol-sol en conditions drainées :</u>

$$N'_d = (1,35.\ \gamma_{sat}.e + 1,5.s_K).L_a.\cos\beta = 242,7\ \text{kN/m} \tag{4.22}$$

Et $\qquad$ $R_d = (1/\gamma_{R\,;h}).(N'_d.\tan\delta_{a\,;K} + L_a.c'_K)$; $\delta_{a\,;K} = \varphi'$ $\qquad$ **(4.23)**

$\qquad$ $R_{1,d} = 131,3$ kN/m

On remarque que $H_d < R_{1,d} \implies$ $\qquad$ La stabilité est vérifiée

<u>Vis-à-vis du glissement d'interface sol-géocomposite supérieur:</u>

$\qquad$ $R_{2\,;d} = (1/\gamma_{R\,;f}).(N'_d.\tan\delta_{a\,;K})$; $\delta_{a\,;K} < \varphi'$ $\qquad$ **(4.24)**

$\qquad$ $\delta_{a\,;K} = 22°$ (d'après la norme expérimentale XP G38-067)

$\qquad$ $R_{2\,;d} = 82,6$ kN/m

On remarque que $H_d < R_{1,d} \implies$ $\qquad$ La stabilité est vérifiée

- **Calcul de l'effort de traction $T_{max\,;d}$ dans le géotextile supérieur :**

On a, $\qquad$ $T_{max,d} = H_d - R_{f\,;d}$ $\qquad$ **(4.25)**

Et $\qquad$ $R_{f;d} = (1/\gamma_{R\,;f}).(N'_d.\tan\delta_{b;K})$ $\qquad$ **(4.26)**

Tels que :

$\qquad$ $T_{max,d}$: La valeur de calcul de l'effort de traction maximal dans le géosynthétique supérieur;

$\qquad$ $\delta_{b;K}$: La valeur caractéristique de l'angle de frottement à l'interface la moins frottante du dispositif = 10°;

$\qquad$ $\gamma_{R\,;f}$: Le facteur partiel pour la résistance au glissement d'interface=1,35.

$\qquad$ Donc, $\qquad$ $R_{f;d} = 31,7$ kN/m

$\qquad$ d'où $\qquad$ $T_{max,d} = 79,8 - 31,7 = 48,1$ kN/m

En principe, ce n'est pas cette valeur qu'il faut pendre en compte pour le choix du géotextile supérieur. Cette valeur doit être corrigée en introduisant des coefficients de correction à fournir par le fabricant du géotextile supérieur pour les conditions prévues au projet, suite aux endommagements mécaniques, au fluage et à la dégradation chimique.

- **Calcul de la tranchée d'ancrage :**

La capacité du dispositif d'ancrage doit permettre de reprendre les efforts transmis en tête par le géosynthétique de renforcement. L'ancrage en tête est le plus souvent assuré par une tranchée d'ancrage de forme rectangulaire ou par un simple lestage lorsque le géosynthétique est peu sollicité. Il convient de s'assurer dès la conception de l'ouvrage que l'emprise disponible en tête du talus est suffisante pour l'ancrage et sa réalisation. Cette emprise peut être optimisée en fonction des paramètres de dimensionnement.

La méthode de calcul est basée sur l'hypothèse que les efforts au niveau de l'ancrage sont repris uniquement par frottement sur les parties linéaires sans aucun effet d'angle (Hulling, 1997 ; Briançon, 2002).

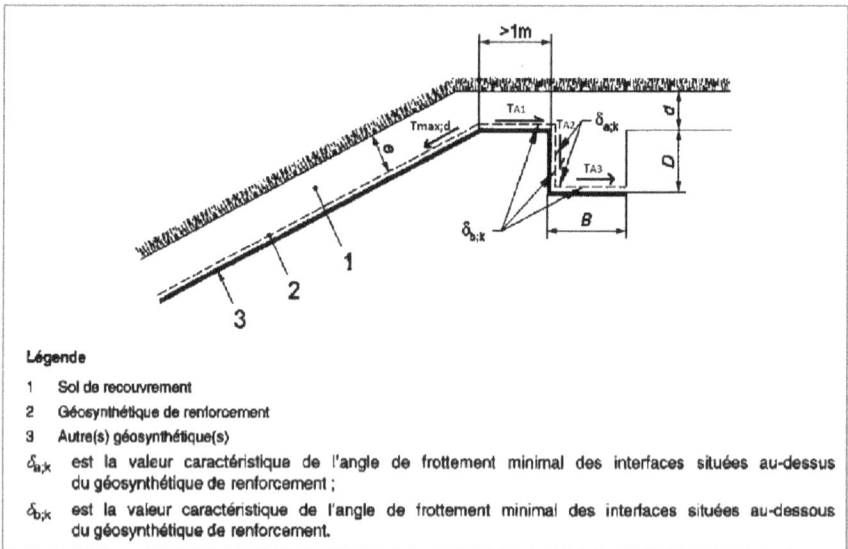

Légende

1   Sol de recouvrement
2   Géosynthétique de renforcement
3   Autre(s) géosynthétique(s)
$\delta_{a;k}$ est la valeur caractéristique de l'angle de frottement minimal des interfaces situées au-dessus du géosynthétique de renforcement ;
$\delta_{b;k}$ est la valeur caractéristique de l'angle de frottement minimal des interfaces situées au-dessous du géosynthétique de renforcement.

Figure 31: Schéma de la tranchée d'ancrage

La résistance de l'ancrage dépend des dimensions du dispositif, de la résistance au glissement d'interface mobilisé au niveau de l'ancrage et de la résistance au cisaillement du sol entre le talus et le dispositif d'ancrage.

Hypothèses :

- Profondeur possible in situ : D= 0,7 m ;
- Lestage en phase travaux : d= 0 ;
- Géomembrane posée sur tout le fond de tranchée ;

- Poids volumique du matériau de remplissage de la tranchée : $\gamma = 1{,}75$ kN/m^3 ;
- Frottement interne du matériau de remplissage : $\varphi'_k = 33°$,
- donc $K_0 = (1-\sin\varphi'_k) = 0{,}45$;
- Frottement d'interface du matériau de remplissage-géotextile supérieur : $\delta_{a;K} = 26°$.

Calcul de T_{A1} :

On a ; $\quad \mathbf{T_{A1}} = (1/ \gamma_{R;f}) \cdot \gamma_{Ginf} \cdot \gamma \cdot d \cdot (L_1 + L_2/2) \cdot \tan \delta_{b;K} = 0$ kN/m $\quad$ **(4.27)**

Calcul de T_{A2} :

On a ; $\quad \mathbf{T_{A2}} = (1/ \gamma_{R;f}) \cdot \gamma_{Ginf} \cdot K_0 \cdot \gamma \cdot D \cdot (D/2 + d) \cdot (\tan \delta_{a;K} + \tan \delta_{a;K})$ $\quad$ **(4.28)**

Tels que:

$\delta_{b;K}$: La valeur caractéristique de l'angle de frottement minimal des interfaces situées au-dessus du géosynthétique de renforcement ;

$\delta_{a;K}$: La valeur caractéristique de l'angle de frottement minimal des interfaces situées en dessous du géosynthétique de renforcement ;

K_0 : Coefficient de poussée des terres au repos ;

$\gamma_{R;f}$: Le facteur partiel pour la résistance au glissement d'interface= 1,35 ;

Par suite :
$$\mathbf{T_{A2}} = 0{,}08 \text{ kN/m}$$

Calcul de B:

$\quad \mathbf{T_{A3}} = (1/ \gamma_{R;f}) \cdot \gamma_{Ginf} \cdot \gamma \cdot B \cdot (D+d) \cdot (\tan \delta_{a;K} + \tan \delta_{a;K})$ $\quad$ **(4.29)**

On pose, $\quad R_{a,d} = T_{A1} + T_{A2} + T_{A3}$ $\quad$ **(4.30)**

Dans le cadre de l'ancrage, la condition suivante doit être vérifiée :
$$\mathbf{T_{max,d} \leq R_{a,d}}$$

D'où, $\quad T_{A3} \geq T_{max,d} - T_{A2} - T_{A1}$ $\quad$ **(4.31)**

On déduit, $\mathbf{B} \geq ((T_{max,d} - T_{A2} - T_{A1}) \cdot \gamma_{R;f}) / (\gamma_{Ginf} \cdot \gamma \cdot (D+d) \cdot (\tan \delta_{a;K} + \tan \delta_{a;K}))$
(4.32)

$$\mathbf{A.N} \quad \mathbf{B} \geq 0{,}91 \text{ m}$$

On constate d'après ce calcul de la stabilité au glissement que les deux dispositifs de recouvrement sont stables au glissement, mais il est à signaler que les géosynthétiques sont très résistants à la traction au niveau d'un talus, en revanche, l'argile et les matériaux granulaires en général ne résistent pas à la traction, ce qui met les géosynthétiques au premier rang par rapport à l'argile de point de vue stabilité.

2.3.3 Efficacité de la couverture

Dans ce paragraphe, on citera dans le cadre de la comparaison, autres différences entre les deux dispositifs d'étanchéité, en indiquant les points forts et les points faibles de chacun des deux types de recouvrement.

De point de vue perméabilité, la géomembrane est caractérisée par sa faible perméabilité qui est de 10^{-13} m/s, comparativement à la perméabilité de l'argile compactée qui vaut environ 10^{-9} m/s.

L'essai Proctor effectué sur l'argile de la couverture a révélé que la densité maximale que cette argile peut atteindre une densité de 1.75 t/m^3 avec une teneur en eau optimale de 19.4%. In situ cette valeur est loin d'être réalisée, d'après le rapport d'Essais : 2011/262/0803, la densité sèche in situ de l'argile est 1.558 t/m^3, donc on a 11% d'incertitude. Le compactage sur le chantier est insuffisant et chaotique, du fait que dans les pentes de 33% le compactage ne peut pas se faire par les compacteurs à tambours lisses car ils risquent de glisser et même de tomber en panne à cause de leur grand poids. La solution dans ce cas est d'utiliser les petits compacteurs à chenilles. Suivant les règles de l'art, la tolérance à donner au compactage de cette argile ne doit pas dépasser en aucun cas 5%, sinon l'argile ne sera pas dans les normes et elle perdra de ces qualités. In situ, la valeur de la densité maximale n'est pas atteinte suite à deux possibilités :

- L'énergie de compactage est insuffisante ;
- La teneur en eau optimale n'est pas assurée.

Cette situation met tout le projet en danger, on joue dans ce cas dans une grande marge d'incertitude. Contrairement au géosynthétiques qui gardent leurs propriétés même pendant leur mise en place, à condition de bien les manipuler.

Une fois mis en place, l'argile doit en un très court terme être couverte contre l'évaporation ou l'humidité de l'atmosphère dans la mesure où ces deux paramètres peuvent influencer significativement sur la teneur en eau optimale que l'argile doit avoir pour qu'elle soit à l'optimum Proctor. Sur le chantier, il est relativement impossible de prendre toutes les précautions qui vont permettre d'aboutir au niveau désiré de compactage qui est déterminé par l'essai Proctor au laboratoire, ce qui veut dire que l'argile ne sera, en aucun cas, bien compactée.

En termes de délai, les géosynthétiques présentent une facilité de mise en place en un délai record, alors que pour la mise en place de matériaux locaux, elle nécessite un temps beaucoup plus important. Cet avantage devient beaucoup plus significatif sur le chantier.

Le biogaz peut engendrer une sous-pression sous la couche d'argile (cas concrets), au cas où le drainage des gaz est insuffisant, et une fois qu'une partie de la couche d'argile est touchée surtout en pied du talus elle risque d'influencer sur la stabilité de tout le massif, il risque d'y avoir l'effet de la clé de voûte. Un léger soulèvement ou bombement de la couverture peut être un point d'attaque favorable pour l'érosion, surtout à long terme. En utilisant les géosynthétiques, le géotextile de drainage permet l'évacuation de biogaz.

Dans une décharge le tassement est inévitable, il est dû à la dégradation des éléments biodégradables dans les déchets, à la charge appliquée au cours du temps sur les déchets, et à l'évacuation de l'eau ou du lixiviat capté par les déchets. Ceci va créer une déformation notable du profil de la décharge, notamment à long terme. Si on utilise des matériaux locaux qui sont généralement rigides dans la couverture, des fissures vont apparaitre en leurs surfaces, ce qui mettra le massif en danger car elle perdra son étanchéité. Tandis que, les géosynthétiques sont très déformables, le massif ne risque rien en les utilisant.

Il se trouve aussi que le complexe géosynthétique est plus facile à mettre en place, que les trois couches d'argile qu'il faut transporter, stocker, arroser, charger, décharger et finalement compacter, autrement dit la mise en place des géosynthétiques peut se faire aisément avec des équipements légers alors que l'argile nécessite des équipements lourds. En plus de ça, il faut prévoir une planche d'essai pour le compactage sur le site qui consiste à déterminer expérimentalement et in situ le nombre de passes (aller +retour) que doit respecter le compacteur pour arriver au taux de compactage optimum de l'argile de la couverture.

La couche d'argile compactée de 1m d'épaisseur applique, à cause de son grand poids, une grande surcharge sur le massif des déchets et influence sur la stabilité du massif. Au contraire, la contrainte que les géosynthétiques appliquent sur le massif est pratiquement négligeable.

2.3.4 Récapitulatif

De point de vue stabilité, les deux dispositifs de couverture, à savoir les géosynthétiques et les matériaux locaux, révèlent une bonne stabilité au cisaillement interne et au cisaillement d'interfaces. Les points de différence résident au niveau du coût et de l'efficacité. D'un côté, l'usage de géosynthétiques dans la couverture présente beaucoup d'avantages en terme d'efficacité, mais de l'autre côté, ces géosynthétiques s'avèrent plus couteux que les matériaux granulaires (Argile). Ceci rend le choix entre les deux dans ce présent projet une tache très difficile, mais puisque c'est une décision qu'on doit prendre à l'égard de l'environnement qui est irremplaçable et n'a pas de prix, le meilleur choix à faire c'est de choisir pour la couverture des déchets, le dispositif le plus sûr et le plus étanche qui sont les géosynthétiques.

2.4 Dispositifs de collecte et de drainage des biogaz et du lixiviat

2.4.1 Les drains verticaux

Dans le cadre de la réhabilitation de la décharge sauvage de Mohammedia, et de la préservation de l'air contre le biogaz dangereux dégagé par les déchets, il est impératif et judicieux de mettre en place un dispositif pour la collecte et la récupération du biogaz. Ceci pour deux buts essentiels, d'un côté pour se débarrasser de l'effet négatif des biogaz sur l'environnement, de l'autre côté c'est pour exploiter éventuellement l'énergie thermique que peut apporter le biogaz.

La dynamique qui s'opère dans les sites d'enfouissement publique s'échelonne sur plusieurs années et passe par plusieurs phases [6]:

Phase I : Phase aérobie (quelques jours) ;

Phase II : Phase acide anaérobie non-méthanogène (quelques semaines) ;

Phase III : Phase anaérobie méthanogène instable (quelques mois) ;

Phase IV : Phase anaérobie méthanogène stable (plusieurs années).

L'évacuation du biogaz au niveau de la décharge se fait via l'implantation de drains dans le corps des déchets. Les drains verticaux, à base de graviers drainants non calcaire ou en acier anticorrosion, sont les mieux conseillés dans ce type de massif, sauf qu'au pour le choix du gravier, le drain sera composé de deux couches de graviers de distributions granulométriques différentes, la couche interne doit vérifier la condition $D_{max}/D_{min}= 4$ pour bien assurer le drainage, et la couche externe doit être plus fine que la couche interne. L'utilisation des drains est une méthode très efficace et avantageuse.

Les drains peuvent jouer plusieurs rôles dans le cadre du drainage :

- Ils permettront l'évacuation du biogaz;
- Ils permettront le drainage du lixiviat ou de l'eau retenus par les déchets, comme ça le tassement inévitable des déchets sera accéléré grâce à cette installation ;
- On évite par l'usage de ce type de drains le colmatage des déchets qui causent la fermeture des pores des autres types de drains. Au niveau de ces drains, toute la surface de contact avec les déchets est fonctionnelle ;
- Accélération du processus de drainage du lixiviat ;
- Pompage ou contrôle éventuels du lixiviat ;
- Rabattement d'éventuelles nappes perchées.

Plusieurs expériences faites sur la perméabilité des déchets, dont dépend la mise en place des drains, ont montré que le dégazage peut être assuré en mettant en place un réseau de drains dans la décharge, et l'écartement à respecter entre les drains est de 30m. Le schéma suivant montre clairement le mode de distribution des drains :

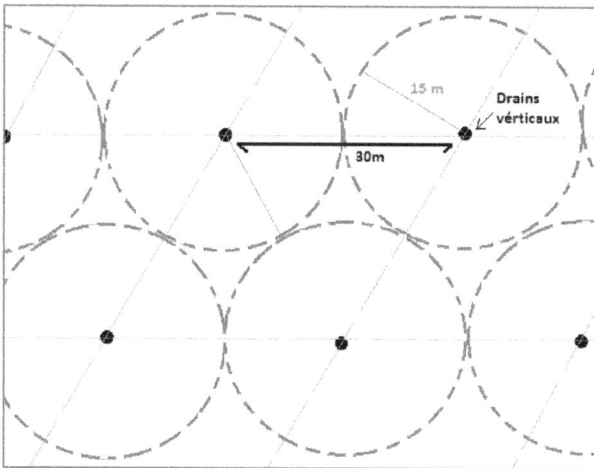

Figure 32:Le réseau des drains verticaux

Concernant la longueur des drains, elle dépend de leur position dans le massif des déchets, la règle générale c'est de creuser les puits jusqu'au fond de la décharge, en creusant en plus 1m de terrain naturel.

Le creusement des puits de ces drains doit être effectué manuellement en adoptant la technique dite du « havage », car le creusement de ces puits par les machines ne sera pas possible au dessus des déchets. Le diamètre de puits recommandé dans cette technique est 1m. La technique de havage consiste au creusement d'un puits par un ouvrier, au fur et à mesure que le creusement avance en profondeur, on fait descendre une tôle cylindrique ou un cylindre en béton de 1m de diamètre dans le puits qui servira pour la protection de l'ouvrier contre l'effondrement des parements. L'ouvrier doit être évidemment bien équipé. Cette tôle en acier anticorrosion, peut être trouée ultérieurement pour assurer le drainage de biogaz et du lixiviat.

2.4.2 Conduite de collecte du lixiviat

La production du lixiviat dans la décharge peut être évaluée à partir du bilan hydrique qui prend en compte les conditions climatiques du site avec notamment :

- La répartition des précipitations sur l'année ;
- Le type de drains mis en place ;
- L'évapotranspiration (la quantité d'eau qui retourne vers l'atmosphère soit à partir des déchets directement ou à partir de la végétation) ;
- Les conditions morphologiques du massif de déchets et topographiques du fond de fouille ;
- Le ruissellement ;
- La perméabilité des terrains du sous sol ;
- La superficie des déchets directement exposés à la pluie ;
- Le phénomène d'absorption et de libération de l'eau par l'activité biologique au sein du massif des déchets ;
- La teneur de l'eau retenue par les déchets.

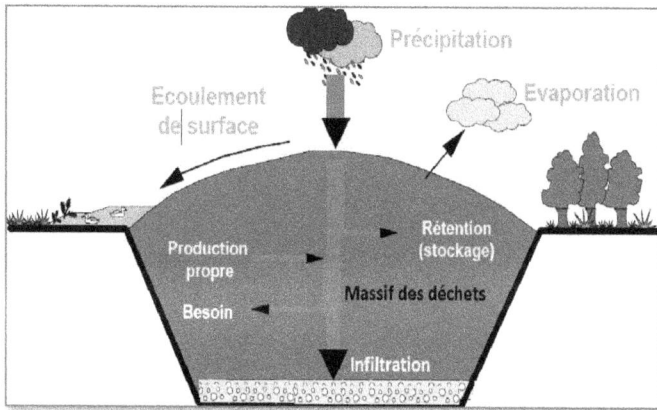

Figure 33: Bilan hydrique au niveau de la décharge [12]

L'équation suivante permet d'évaluer le volume de lixiviat :

$$E = P + ED - ETR - EX +/- V +/- R \qquad (4.33)$$

Tels que :   **E** : Volume du lixiviat collecté ;

P : Volume des précipitations ;

ED : Volume d'eau apporté par les déchets ;

ETR : Evapotranspiration ;

EX : Volume d'effluents percolant vers l'extérieur ;

S : Variation de la teneur de l'eau dans les déchets suite à l'activité bactérienne ;

R : Volume d'eau éliminé ou rajouté par ruissellement.

Vu qu'on estime que le fond de la décharge est quasi plan avec une pente de 3 à 4%vers le Nord-ouest, donc l'écoulement du lixiviat se fait vers cette direction. Sur le site, on trouve effectivement des chenaux empruntés par le lixiviat dont le sens d'écoulement est vers le Nord-ouest. Il faut mettre en plus des drains, une conduite de collecte en aval du massif des déchets. Cette conduite du lixiviat doit être implantée dans la partie Nord-ouest de la décharge, et elle doit être collée à la digue là où le lixiviat est confiné du côté déchets.

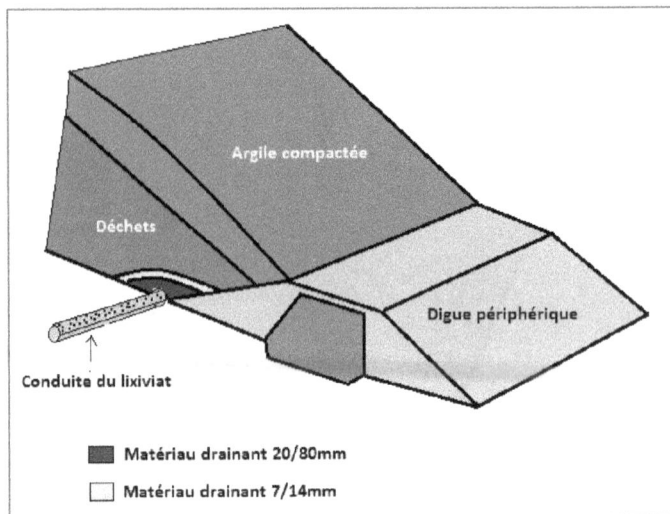

Figure 34 : Emplacement de la conduite de collecte du lixiviat en aval de la décharge

Le débit du lixiviat dépend essentiellement de la perméabilité des déchets, estimée à 10^{-5} m/s [15]. La superficie 3D de la décharge est estimée à 56500 m^2. On a, Q = K.S, donc pour un mètre carré de déchets, le débit maximal toléré est de l'ordre de 0,86 m^3/J. Pour le dimensionnement de la conduite de collecte du lixiviat, on a choisi la plus grande valeur des précipitations enregistrée en 2010, et qui dépasse 50% des précipitations de l'année, elle est égale à 178 mm (enregistrée en une journée). En effet, le volume du lixiviat augmente considérablement en présence de précipitations. Le débit correspondant à cette valeur de précipitations est 0,178 m^3/m^2.J. On remarque que le débit toléré au niveau des déchets est supérieur au débit des précipitations, donc on peut considérer que toutes les gouttes de pluies qui tombent sur le massif des déchets s'infiltrent dans le massif.

On a, $Q_{lixiviat}$= 0,178*56500=10057 m^3/J

Il est à signaler que ce débit du lixiviat augmentera après la mise en place des drains, du fait que le lixiviat va traverser les drains pour arriver au fond.

On va se baser sur la formule de Manning-Strickler pour dimensionner la conduite qui servira pour la collecte du lixiviat, la formule est donnée comme suit:

$$\frac{Q}{\sqrt{I}} = K_S S R_h^{2/3} = K_S S(h_n).R_h(h_n)^{2/3}$$

[4]   **(4.34)**

Tels que :

    Q : Le débit (m³/s)

    S : La surface du canal (m²)

    R$_h$: Rayon hydraulique (m)

    H$_n$: Profondeur normale de l'eau (m)

    K$_s$: Coefficient de Strickler (m$^{1/3}$/s)

    I : L'inclinaison, en mètres par mètres

La conduite que nous recommandons pour le drainage du lixiviat est le tuyau de drainage ordinaire de forme circulaire.

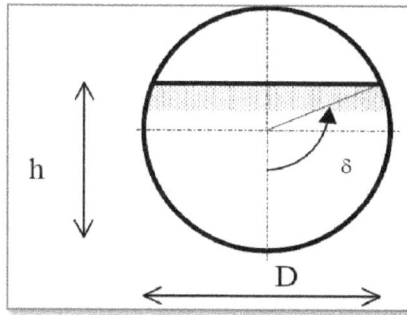

Figure 35: Dimensions de la conduite du lixiviat

On prend :   **δ**= π/2

        h= D/2

        Ks= 75

Suivant les mesures de la section de la conduite, rayon hydraulique et de Ks, figurant dans le document de José VAZQUEZ (Hydraulique à surface libre ; Systèmes Hydrauliques Urbains – ENGEES), on a :

    S= (π/8). D²

    R$_h$= D/4

L'équation devient par suite :

$$D= ((8.4^{2/3}.Q)/ (\pi.K_s.\sqrt{I}))^{3/8} \qquad\qquad (4.35)$$

D'après le levé topographique de la décharge, on remarque que dans la partie Nord-ouest de la décharge le terrain naturel converge vers un point bas, ce qui veut dire qu'il y aura deux conduites d'évacuation du lixiviat qu'on désigne par L1 et L2 ayant deux pentes différentes. La figure ci-après montre les positions de L1 et L2 dans la décharge, déduites à partir des emplacements où le lixiviat est observé en pied du massif des déchets :

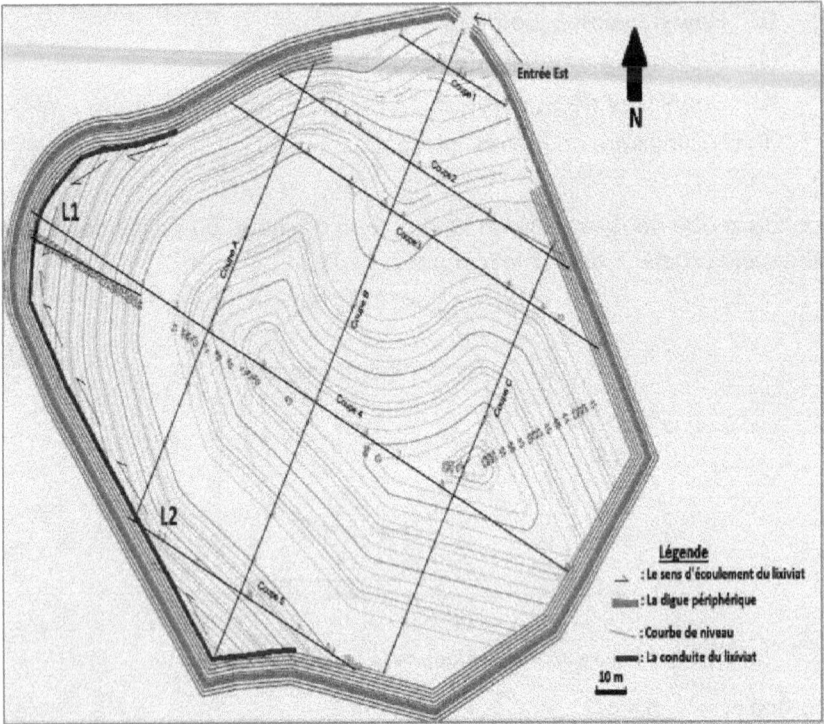

Figure 36 : Emplacement de L1 et L2 au niveau du massif des déchets

Pour le tronçon L1 :

La longueur de ce tronçon est estimée à 60 m.

Nous considérons que 20% du débit du lixiviat est évacué à travers ce tronçon ;

Q= 0,0233 m^3/s

I= 12/60

Donc, $D_{conduite}$ = 25,4 cm

Pour le tronçon L2 :

La longueur de ce tronçon est estimée à 250 m.

Nous considérons ici que 80% du débit du lixiviat est évacué via ce tronçon ;

Q = 0,093 m³/s

I = 20/250

Alors, $D_{conduite}$ = 26,2 cm

On doit tenir compte de l'agressivité du lixiviat dans le choix du matériau.

2.4.3 Fossés de collecte des eaux de ruissellement

Afin de réduire au maximum l'érosion au niveau de la terre végétale et les infiltrations des eaux de ruissellement dans le massif des déchets, un système de collecte et d'évacuation des eaux est mis en place sur la couverture.

Pour le dimensionnement des canaux de ruissellement à surface libre, nous avons pris en compte dans les calculs du débit la valeur de précipitations la plus élevée, chose qui va me permettre de déterminer la surface optimale de la conduite en déterminant le débit maximal d'écoulement qui correspondra à la valeur maximale des précipitations (mm³/mm²). Vu que les règles de l'art préconisent la prise en compte d'événements pluvieux extrêmes. Le dimensionnement des fossés de collecte de l'eau de ruissellement est fait après établissement du régime permanent, c'est-à-dire que dans cette étape on négligera la quantité d'eau qui sera retenue dans le sol et nous travaillerons après saturation du sol en prenant la valeur maximale journalière des précipitations enregistrée durant l'année 2010, telle qu'elle est disponible, spécifiquement celle enregistrée le jour des fameuses inondations de Mohammedia et de Casablanca. 178 mm ont été enregistrées dans la station météorologique de Mohammedia en une journée près. La forme de la conduite que j'ai choisi dans ce projet est trapézoïdale, car elle est plus pratique hydrauliquement et facile à construire sur le chantier, contrairement à une surface en demi-cercle difficile à construire dans le site. Les fossés doivent être construits par le béton ou au moins par le mortier à bord lisse et à fond rugueux (généralement utilisé).

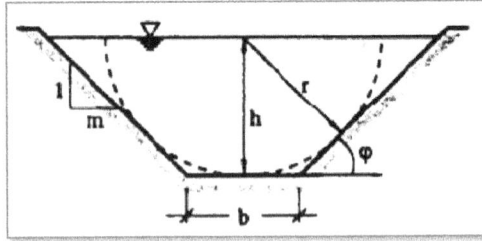

Figure 37 : Forme des fossés de ruissellement [4]

Quand l'écoulement est turbulent, ce qui est le cas le plus courant en hydraulique, de nombreuses formules expérimentales ont été proposées pour tenir compte de l'écoulement turbulent pour des canaux relativement rugueux.

La formule de Manning-Strickler est considérée comme une bonne approximation de la réalité.

$$C = K_s R_h^{1/6} \text{ ce qui donne} : I = \frac{U^2}{K_s^2 R_h^{4/3}}$$

U : vitesse moyenne. R_h : rayon hydraulique. K_s : coefficient de Strickler ($m^{1\,3}s^{-1}$) et $n = \frac{1}{K_s}$ le coefficient de Manning. **(4.36)**

L'écoulement permanent et uniforme dans un canal se caractérise par une constance des paramètres hydrauliques. Ainsi, le débit reste invariable dans les différentes sections du canal le long du fossé. Les lignes de courants sont rectilignes et parallèles et la pression verticale peut donc être considérée comme hydrostatique. La pente de fond, la pente de la surface libre et la pente de la ligne d'énergie sont parallèles:

On a dans ce cas,

$$\frac{Q}{\sqrt{I}} = K_s S R_h^{2/3} = K_s S(h_n).R_h(h_n)^{2/3}$$ [4] **(4.34)**

Tels que :

    Q : Le débit (m^3/s)

    S : La surface du canal (m^2)

    R_h : Rayon hydraulique (m)

    H_n : Profondeur normale de l'eau (m)

    K_s : Coefficient de Strickler ($m^{1/3}$/s)

    I : L'inclinaison, en mètres par mètres

On cherche à déterminer la surface optimale de canal de ruissellement, pratiquement pour obtenir ce résultat on cherchera b optimum, j'ai choisi S et R_h en fonction de b.

On prend φ= 45° donc **m**= 1

D'après José VAZQUEZ (Systèmes Hydrauliques Urbains – ENGEES) :

On a, $S = 2b^2$

Et $R_h= 2b/(1+2\sqrt{2})$

D'après l'équation précédente, on obtient :

$$b= ((1+2\sqrt{2})^{2/3}.Q/(4.\sqrt{I}.K_s))^{3/8}$$ **(4.37)**

La surface du canal à construire dépend essentiellement du débit d'eau à évacuer. A la base de cette donnée, la section de canaux va différer d'un endroit à l'autre de la décharge où le canal sera construit. Donc, il faut avant tout, bien connaitre le réseau de fossés de ruissellement, pour pouvoir les dimensionner. D'après le profil de la décharge après reprofilage, on a décidé de mettre en place deux fossés de ruissellement au sein du massif des déchets, une dans la partie supérieure au niveau de la plate forme et un autre canal dans la partie inférieure là où les eaux traversant la pente de 33% seront collectées et évacuées à l'extérieur de la décharge. La figure suivante montre l'emplacement des fossés S1, S2, I1 et I2 au niveau de la décharge:

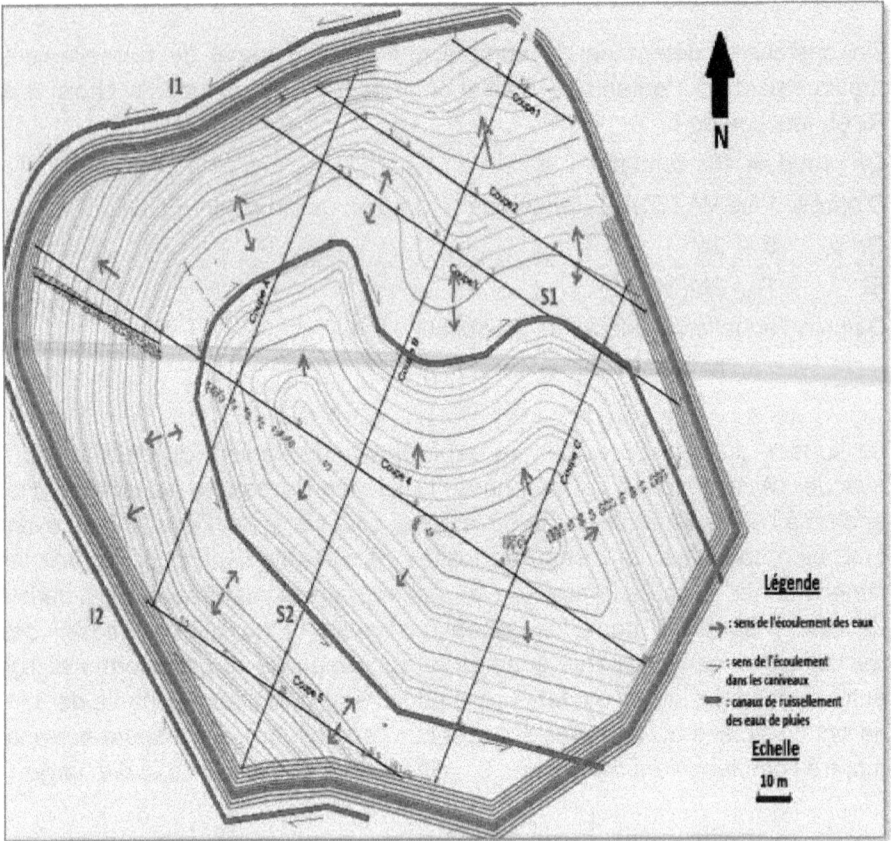

Figure 38 : Fossés de collecte des eaux de ruissellement et sens d'écoulement des eaux

Pour la partie supérieure :

Surface en 3D de la partie supérieure de la décharge avec la plate forme = 42000 m²

L'inclinaison des fossés est déterminée à partir de l'analyse du levé topographique de la décharge.

Fossés S1 et S2 :

Les longueurs des deux fossés sont pratiquement égales et leurs surfaces de collecte correspondantes ont des valeurs très proches. Le choix des deux fossés S1 et S2 est justifié pour deux raisons :

Creusement des canaux au niveau de la plateforme pour les différents avantages qu'elle présente ;

Ne pas surdimensionner le canal de ruissellement, en divisant le canal creusé dans la plateforme en deux, nous minimisons à travers cette proposition sa surface et par ailleurs son coût de construction.

$$Q = 6,16 . 10^{-6} \ m^3/m^2.s \qquad Q= 0,13 \ m^3/s$$

Et $I = 4/100$

Et $K_s = 65$ (béton à bord lisse et fond rugueux)

Par suite, **b = 0,15 m** pour **S1** et **S2**

La profondeur des deux fossés est égale à 16,5 cm (Coefficient de sécurité= 1,1).

<u>Pour la partie inférieure :</u>

Surface en 3D de la partie inférieure de la décharge = 16000 m²

Fosse I1 :

$$Q = 6,16.10^{-6} \ m^3/m^2.s \qquad Q= 0,06 \ m^3/s$$

Et $I = 10,1 /100$

Et $K_s = 65$ (béton à bord lisse et fond rugueux)

Par suite, **b = 0,092 m**

La profondeur de ce fossé est 10,1 cm (Coefficient de sécurité= 1,1).

Fosse I2:

$$Q = 6,16.10^{-6} \ m^3/m^2.s \qquad Q= 0,04 \ m^3/s$$

Et $I = 10,1 /100$

Et $K_s = 65$ (béton à bord lisse et fond rugueux)

Par suite, **b = 0,075 m**

La profondeur de ce fossé est 8,3 cm (Coefficient de sécurité= 1,1).

On peut dimensionner les fossés de ruissellement en de hors de la décharge, mais il faut avoir un levé topographique de la zone qui entoure la décharge, afin de cerner les endroits où les fossés seront implantés et avec quelle dimension.

2.5 Synthèse des travaux à réaliser

La réhabilitation de la décharge passera par une succession de travaux destinés à réduire l'étendue du dépôt de déchets et à homogénéiser son relief, et à réduire l'impact de la décharge sur l'environnement.

Partant des résultats de l'évaluation environnementale, la réhabilitation de la zone des déchets existants se limitera à l'aménagement du site afin d'en améliorer le paysage, d'éviter le retour de nouveaux déchets et de le rendre utilisable pour de nouvelles activités économiques ou humaines. Les travaux à réaliser se résument dans ce qui suit :

- Le décapage des zones périphériques de faible épaisseur de déchets et le regroupement des déchets décapés sur les zones déficitaires et la collecte des déchets existant en de hors de la décharge ;
- Le comblement à l'aide des déchets décapés des creux de la zone actuellement en exploitation. Ces creux seront aussi complétés par les déchets arrivant à la décharge au cours de la phase de transition de manière à ce que la surface supérieure soit bien réglée et présente une légère pente vers l'extérieur, en respectant le modèle de reprofilage déjà établi ; Ceci demande une certaine vigilance envers les camions de déchargement qu'il faut orienter dépendamment de programme de reprofilage ;
- L'aménagement des talus en respectant les règles de stabilité ;
- La mise en œuvre de la digue périphérique ;
- Mise en place de la conduite d'évacuation du lixiviat ;
- Creusement du bassin de lixiviat ;
- La mise en place des drains verticaux en nombre suffisant ;
- Le recouvrement de l'ensemble des déchets par des matériaux d'excavation d'une épaisseur de 0,3 m afin d'homogénéiser la surface des déchets ;
- L'installation d'un dispositif d'étanchéité pour le recouvrement afin de limiter l'infiltration des eaux de précipitations ;
- La mise en place d'une couche de terre cultivable de 0,4 m d'épaisseur ;
- Réalisation des fossés de drainage des eaux de ruissellement ;

- Plantation du site ;
- Exploitation éventuelle de biogaz ;
- Réalisation d'un fossé interceptant les eaux de ruissellement périphérique afin d'éviter leur intrusion dans les déchets et leur transformation en lixiviats ;
- Contrôle et suivi de la décharge et ces impacts même après réhabilitation.

Le nivellement du site à la fin de la réhabilitation avec des pentes régulières évite la stagnation des eaux pluviales et dirige celles-ci vers l'extérieur du site.

Afin de rendre au site de la décharge sa vitalité paysagère et de créer un espace agréable pour être utilisé pour de nouvelles activités socio-économiques, les points de nuisance pour l'environnement identifiés lors de ce projet devront faire l'objet d'un programme d'intervention en vue de leur élimination.

CINQUIEME CHAPITRE

ETUDE DE LA STABILITE DU MASSIF DES DECHETS DE LA DECHARGE DE MOHAMMEDIA APRES REHABILITATION

I. MÉTHODE DE CALCUL DE LA STABILITÉ DU MASSIF

1.1 Eléments de base de calcul [13]

Toutes les méthodes de calcul de la stabilité nécessiteront de connaitre :

- La géologie : La nature des terrains et informations sur les discontinuités ;
- Les caractéristiques mécaniques du terrain et/ou des discontinuités ;
- La géométrie en 2D ou 3D du talus ;
- Les conditions hydrodynamiques (Hauteur d'eau ou du lixiviat et écoulement) ;

Deux familles de calculs peuvent être réalisées :

- *Calculs après glissement (étude à posteriori) :*

Il s'agit dans ce cas de comprendre et d'analyser le glissement pour éviter qu'il ne se reproduise d'autres glissements dans les mêmes conditions. On va chercher donc à améliorer la situation de manière à avoir une sécurité acceptable.

Dans ce cas de figure, la géométrie de la surface de rupture est connue (au moins partiellement) et, puisqu'il y a eu rupture, cela signifie que les terrains avaient atteint leur état limite à la rupture.

- *Calculs à priori :*

On ne connait pas, à priori, la géométrie la plus critique, ni la surface la plus défavorable dans ce cas, l'objectif du calcul est de déterminer la surface de glissement, qui, parmi une infinité de surfaces de rupture envisageables, sera la plus critique. Le calcul va donc consister à faire le test sur le plus grand nombre de surfaces possibles et à trouver par itérations la surface la plus défavorable. Chaque surface testée fera l'objet d'un calcul de stabilité qui fournira, en général la valeur d'un coefficient de sécurité Fs. La plus faible valeur de Fs obtenue correspondra à la surface de rupture la plus probable.

Dans les calculs à priori, l'ouvrage va être dimensionné avec un coefficient de sécurité qui est fonction de la nature de l'ouvrage, sa durée de vie et le géoenvironnement.

1.2 Méthodes de calcul de la stabilité d'un talus

Il existe plusieurs méthodes de calcul de stabilité ayant toutes des avantages et des inconvénients. Aucune n'est parfaite, car aucune ne tient compte de la déformabilité du sol. En effet, on en revient au problème éternel de la méconnaissance des lois de comportement du sol que l'on considère toujours comme rigide-plastique. Nous étudierons ci-après plusieurs méthodes de calcul "traditionnelles" mais la confiance que l'on peut leur accorder sera essentiellement fonction de l'expérience que l'on peut en avoir. Nous envisagerons des méthodes de stabilité de milieux homogènes et des méthodes pour les milieux hétérogènes. Dans le cas de massifs des déchets constitués de plusieurs couches de nature différente, le problème est beaucoup plus ardu.

1.2.1 Les calculs à la rupture [17]

Les calculs à la rupture supposent que le terrain se comporte comme un solide rigide-plastique. Le critère de plasticité est défini par une loi classique (Mohr-Coulomb en général). Ces méthodes incluent :

- o Des méthodes d'analyse limite qui incluent des méthodes de borne supérieure (encore appelées méthodes cinématiques) ou de bornes inférieures ;

- o Des méthodes d'équilibre limite : Ce sont les méthodes les plus couramment employées. Elles sont basées sur l'hypothèse que l'équilibre statique du volume étudié est assuré. En général l'écriture des équations d'équilibre conduit à un système hypostatique et les méthodes diffèrent par les hypothèses qu'elles envisagent pour résoudre le système d'équations (hypothèses sur le point d'application des forces, leur inclinaison ou leur intensité). Nous décrirons plus en détails un certain nombre de ces méthodes.

1.2.2 Les calculs en contraintes-déformations [17]

Les calculs à la rupture ne prennent pas en compte les déformations du terrain. Si les terrains sont très déformables, ce type de calcul peut s'avérer insuffisant voir erroné. Les calculs à la rupture ne permettent non plus d'évaluer les déformations ; ils ne permettent donc pas d'avoir des éléments pour comprendre les déplacements enregistrés sur le terrain.

Pour répondre à ce type de questions, il faudrait connaitre complètement le comportement en contraintes-déformations du terrain en tout point. Ce comportement est connu pour un certain nombre de géométries simples et de lois de comportement simples. Dans le cas de géométries réelles et de terrains naturels ce comportement peut être approché par des calculs numériques :

- o Eléments finis, différences finies ;
- o Eléments frontières (boundary elements) ;
- o Eléments distincts (si le massif comporte des discontinuités).

Les calculs en contraintes-déformations sont beaucoup plus lourds à mettre en œuvre que les calculs à la rupture. Ils nécessitent la connaissance des lois de comportement des matériaux et des contraintes initiales dans le massif, de plus ils ne conduisent pas à des résultats aussi faciles à analyser que les calculs à la rupture, c'est pourquoi ces derniers sont encore largement utilisés. Dans la suite nous décrirons essentiellement les principales méthodes de calcul à l'équilibre limite. Ces méthodes de calcul ne permettront pas de répondre complètement aux questions sur les déplacements (on ne pourrait jamais reproduire parfaitement la géométrie, l'hétérogénéité et le comportement des terrains in situ), mais ils donneront un certain nombre d'éléments d'indice.

1.2.3 Le coefficient de sécurité et méthodes de calcul à l'équilibre limite

a. Notion du coefficient de sécurité (Fs) [2]

Selon le principe de l'équilibre limite, on établit le rapport entre la résistance mobilisable du sol et les contraintes de cisaillement mobilisées pour une surface de rupture donnée. Ce rapport est défini comme le facteur de sécurité contre la rupture :

$$\mathbf{Fs} = \frac{\text{Résistance au cisaillement maximale mobilisable}}{\text{Résistance au cisaillement nécessaire à l'équilibre}} \qquad \text{(Bishop)}$$

On distingue deux démarches pour le calcul du coefficient de sécurité :

- Le glissement a déjà eu lieu, il s'agit d'une valeur de $Fs \leq 1$, donc :
  - Soit la surface exacte est connue, il s'agit dans ce cas de déterminer pour $Fs = 1$, les caractéristiques correspondantes ;
  - Soit, les caractéristiques sont connues et il s'agit de déterminer la surface de glissement.

- La deuxième démarche qui est la plus fréquente, consiste à déterminer la marge de sécurité disponible et à adopter les solutions adéquates pour améliorer la sécurité de l'ouvrage en répondant à des exigences en fonction de l'emploi des talus.

Le facteur de sécurité est calculé pour un certain nombre de surfaces de rupture critiques jusqu'à ce que l'on ait établi un facteur de sécurité minimal ; il s'agit d'une procédure relativement longue et qui ne permet pas de trouver forcément la surface de rupture la plus critique. Il faut donc être prudent dans le choix du facteur de sécurité, et sa valeur peut varier beaucoup en fonction des données du problème.

Le facteur de sécurité minimal requis dans le cas des pentes artificielles si la pente est permanente est de 1.5, et pour les pentes temporaires on se contente d'un Fs minimal de 1.3. Dans le cas des versants naturels la valeur de 1.5 est parfois difficile à garantir.

Le facteur de sécurité peut quelquefois être égal à 2, voire à 2.5 pour des ouvrages dont la stabilité doit être garantie à tout prix, ou pour des méthodes dont l'incertitude est grande.

Le tableau suivant, nous donne les valeurs de F en fonction de l'importance de l'ouvrage et des conditions particulières qui l'entoure :

Tableau 6:Différentes valeurs de Fs en fonction de l'état de l'ouvrage [2]

Fs	Etat de l'ouvrage
< 1	Danger
1 – 1.25	sécurité contestable
1.25 - 1.4	sécurité satisfaisante pour les ouvrages peu importants sécurité contestable pour les barrages, ou bien quand la rupture serait catastrophique
>1.4	satisfaisante pour les barrages

Nous prendrons dans ce rapport pour l'évaluation de la stabilité du massif des déchets, la valeur 1,4 pour le facteur de sécurité minimal admissible pour juger le massif stable.

b. Ruptures planes ou multiplanaires [2]

Dans des terrains discontinus les surfaces de rupture potentielle les plus défavorables sont constituées par des plans ou des ensembles de plans. Si le plan passe dans une couche, les caractéristiques à prendre en compte sont les propriétés de cette couche, si le plan est une discontinuité, il faudra utiliser dans le calcul les caractéristiques mécaniques de cette discontinuité. L'écriture des équations d'équilibre conduit à estimer le coefficient de sécurité. Si la surface de rupture est constituée de deux ou plusieurs plans, le problème devra en général être examiné de manière tridimensionnelle. Il existe des abaques permettant d'examiner un certain nombre de cas type d'équilibre de dièdre.

Dans le cas de surfaces multiplanaires de forme quelconque, les calculs sont très complexes.

c. Ruptures rotationnelles [2]

1. Méthode globale

Un calcul global peut être effectué dans le cas :

- o D'un terrain homogène et isotrope défini par ses caractéristiques : γ, c', φ' et u la pression de l'eau ou du lixiviat.

- o D'un talus de hauteur H faisant un angle β avec l'horizontal.

Le coefficient de sécurité de différents cercles peut être calculé analytiquement (si des hypothèses sur la répartition des contraintes le long de la surface de rupture sont effectuées) et le coefficient de sécurité de talus est le plus faible de ces coefficients. Il existe des abaques permettant de déterminer le coefficient de sécurité et la position de la surface la plus défavorable dans ces cas simples (Méthode de Taylor ou de Biarrez).

2. Méthodes de tranches [2]

Les terrains sont rarement homogènes et isotropes, les méthodes dites de tranches sont souvent utilisées. Le principe c'est de découper le volume étudié en un certain nombre de tranches (généralement verticale, au moins 25). En général, les surfaces de rupture considérées sont des cercles, mais certaines méthodes de tranches (Sarma..) ne nécessitent pas cette hypothèse.

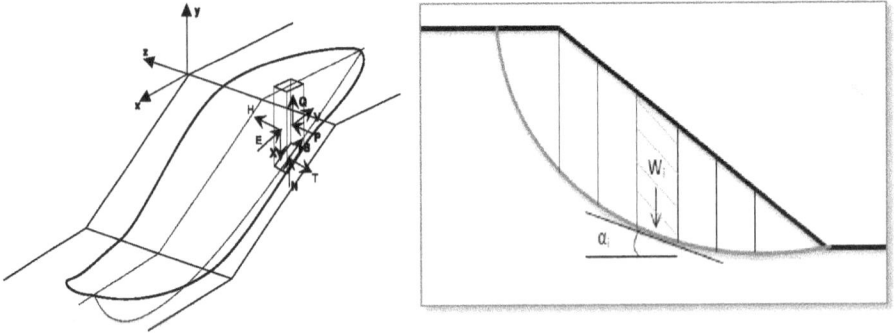

Figure 39: Découpage en tranches d'un talus en 3D et en 2D [2]

L'équilibre de chaque tranche i est examiné en effectuant le bilan des forces :

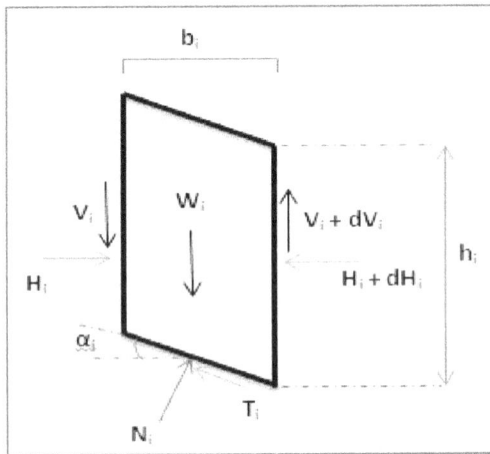

Figure 40: Forces s'exerçant sur une tranche i [2]

Les forces agissant sur cette tranche sont :

- Son poids W_i ;
- Deux forces horizontales (incluant les pressions hydrauliques), de part et d'autre, H_i et $H_i + dH_i$ qui proviennent des tranches voisines ;

- Deux forces verticales V_i et $V_i + dV_i$ de même origine ;
- La résultante des contraintes normales N_i et tangentielles T_i à la base de la tranche.

Il existe principalement deux méthodes, qui sont généralement utilisées pour le calcul de la stabilité (coefficient de stabilité) d'un massif, à savoir : La méthode de Fellenius et la méthode de Bishop.

2.1. Méthode de Fellenius [2]

La méthode de Fellenius, appelée aussi la méthode Suédoise, est la plus simple pour l'analyse de stabilité des talus. Fellenius suppose que le volume de glissement délimité par la surface de glissement et la topographie du talus est subdivisé en n tranches. Pour l'équilibre de chacune des tranches, la méthode de Fellenius néglige l'existence des forces entre les tranches, c'est-à-dire $dH_i = dV_i = 0$.

L'équilibre de la tranche i s'écrit, en projetant sur l'axe horizontal et l'axe vertical (l'équation des moments est négligée) :

$$dH_i - N_i \tan\alpha_i\, b_i + T_i\, b_i = 0 \tag{5.1}$$

$$dV_i - \gamma\, h_i\, b_i + N_i\, b_i + T_i \tan\alpha_i\, b_i = 0 \tag{5.2}$$

Compte tenu du critère de Mohr Coulomb $T_{i\,max} = c_i' + N_i'\,\tan\varphi_i'$. Le facteur de sécurité s'écrit :

$$\mathbf{Fs} = \frac{\sum_{i=1}^{n}\left[c_i' + (\gamma_i\, h_i\, cos^2\alpha_i - u_i)\tan\varphi_i'\right]}{\sum_{i=1}^{n}\gamma_i\, h_i\, b_i\, \tan\alpha_i} \tag{5.3}$$

Où :

- c_i' et φ_i' : sont respectivement la cohésion et l'angle de frottement interne de la tranche i ;
- γ_i : est le poids volumique du sol inscrit dans la tranche i ;
- u_i : est la pression interstitielle au milieu de la base de la tranche i ;

- b_i : est la largeur horizontale de la tranche i ;
- h_i : est la hauteur moyenne de la tranche i ;
- α_i : est l'inclinaison de la base de la tranche i par rapport à l'horizontal.

2.2. Méthode de Bishop [2]

La méthode de Bishop diffère de la méthode de Fellenius en ce qu'elle considère l'ensemble des forces qui agissent sur une tranche au moment d'écrire l'équation de l'équilibre afin de solutionner pour la contrainte normale qui agit à la base de la tranche. Dans sa version simplifiée couramment utilisée, les forces de cisaillement inter-tranches sont négligées, mais les forces intertranches sont prise en compte. Cette simplification n'affecte que peu la valeur du coefficient de sécurité calculé.

En adoptant les mêmes notations que précédemment, l'expression du coefficient de sécurité est donnée par :

$$\mathbf{Fs} = \frac{\sum_{i=1}^{n} b_i \left[c_i' + (\gamma_i \, h_i \, cos\,^2\alpha_i - u_i) \, tan \, \varphi_i' \right]/m_{\alpha i}}{\sum_{i=1}^{n} \gamma_i \, h_i \, b_i \, cos \, \alpha_i \, sin \, \alpha_i} \qquad (5.4)$$

Avec :
$$m_{\alpha i} = cos\,\alpha_i + \frac{tan\,\varphi_i'\,sin\,\alpha_i}{Fs} \qquad (5.5)$$

L'expression de $m_{\alpha i}$ contient l'inconnu Fs (implicite). L'équation est donc solutionnée par itérations successives jusqu'à ce que la différence entre la valeur de Fs supposée et la valeur obtenue soit négligeable. Le calcul à la main est un travail très fastidieux et long, le calcul à la main d'un cercle pour 10 à 15 tranches demande à peu près 3h pour un bon calculateur. La détermination d'un coefficient de sécurité demande donc 1 mois de travail, mais l'informatique est d'un très grand secours, du fait que l'ordinateur peut faire ces calculs encombrants dans des temps record, en utilisant des logiciels conçus spécialement pour le calcul de la stabilité des massifs.

d. Calcul de coefficient de sécurité en rupture quelconque [2]

La méthode la plus utilisée pour le calcul du coefficient de sécurité dans le cas d'une surface de rupture de forme quelconque est la méthode dite de « Perturbations ». Cette méthode est basée sur le principe de l'équilibre limite comme les méthodes de Fellenius et de Bishop. Cependant, contrairement à ces méthodes, l'analyse de stabilité est basée sur un découpage en tranches du massif de sol, et l'introduction d'hypothèses sur les forces s'exerçant entre ces tranches, la méthode de Perturbations est une méthode dite globale. Son principe est qu'elle suppose une certaine forme de variation des contraintes le long de la surface de rupture, définie par une fonction dépendant de plusieurs paramètres. Ces paramètres, qui constituent les inconnues de la méthode, sont déterminés en considérant l'équilibre global de la masse de sol délimitée par la surface de rupture.

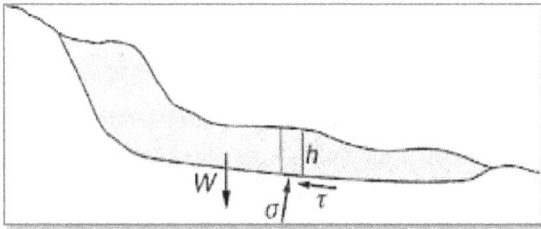

Figure 41: Glissement à surface de rupture quelconque

La méthode considère l'hypothèse suivante : la contrainte normale σ sur une surface tangente à la surface de rupture s'écrit comme une perturbation de la contrainte $\sigma_0 = \gamma\, h \cos^2\alpha$ normale à une facette inclinée à α, à une profondeur h, dans un massif incliné à α. En termes de contraintes effectives, on utilise l'expression suivante :

$$\sigma' = (\sigma_0 - u)(\lambda + \mu \tan\alpha) \tag{5.6}$$

Avec :

- $\sigma_0 = \gamma\, h \cos^2\alpha$: Projection normale de la contrainte due au poids de la tranche ;

- u : Pression interstitielle ;

- λ et μ : sont deux paramètres d'ajustement déterminés par le calcul.

Le problème consiste alors, après discrétisation en tranches verticales, à résoudre un système de trois équations (équilibres des efforts horizontaux, des efforts verticaux et des moments) à trois inconnues (λ, μ, Fs).

Il y a d'autres méthodes, mais qui font des hypothèses différentes : Il s'agit, entre autre, des méthodes dites de :

- Jambu (ligne d'action des forces intertranches située au 1/3 de la hauteur des tranches) ;
- Spencer (rapport de la composante horizontale à la composante verticale des forces intertranches constant) ;
- Sarma (introduction d'un paramètre supplémentaire : accélération verticale égale à Kg)...

C'est méthodes de calcul sont généralement appliquées pour des surfaces de rupture non circulaires et elles demandent plus de travail et de pratique.

1.2.4 Choix de la méthode de calcul à utiliser pour le cas du massif des déchets

La méthode de Bishop est la plus « réaliste » et la plus précise et le coefficient de sécurité obtenu par cette méthode est supérieur à celui obtenu par la méthode de Fellenius qui est d'ailleurs la plus conservative. Cette méthode s'applique sur des dépôts de sol non homogènes. Un calcul de la stabilité effectué par la méthode de fellenius donne une valeur pessimiste du coefficient de sécurité, il va donc dans le sens de la sécurité.

Les déchets sont hétérogènes et anisotropes, ils sont de différentes natures [18]:

- **Eléments inertes et rigides :** Matériaux résistants à la compression et de composition non évolutive (sols, gravats, verre, céramique...) ;
- **Eléments très déformables** : Matériaux déformables mais non ou peu dégradables (papiers, plastique, textile...) ;
- **Eléments facilement dégradables :** Matériaux évoluant en composition et en consistance (végétaux, déchets alimentaires...)

Nous avons opté pour la méthode de Bishop, ceci pour simplifier les calculs d'une part, et être réaliste dans les calculs tant que possible d'autre part. L'étude de la stabilité d'un massif, surtout celui des déchets, nécessite en fait une recherche beaucoup plus poussée et approfondie, car ici on assimile les déchets à un sol hétérogène et anisotrope, alors que les déchets sont de nature plus complexe du fait de l'activité biologique.

1.3 Rappel de la problématique et le choix des caractéristiques géomécaniques

L'analyse de la stabilité du massif des déchets après réhabilitation est une étape très importante à aborder, car durant la réhabilitation de la décharge on rajoute une charge au dessus des déchets (couche d'argile, terre végétale..). Il faut faire une étude sur la stabilité de la décharge réhabilitée, au préalable, pour faire face aux éventuelles instabilités durant le travail de réhabilitation.

Dans les calculs de stabilité, le choix des caractéristiques mécaniques est fonction du problème lui-même. Mais d'une manière générale on constate que lorsqu'il s'agit de sols argileux, le calcul à court terme conduit au coefficient de sécurité le plus faible. L'expérience montre que c'est souvent juste après la construction que se produisent les glissements dans les sols argileux. On utilisera donc les caractéristiques mécaniques non drainées (C_u, φ_u). Par contre dans les déchets qui sont hétérogènes et contiennent des vides, le calcul à court terme n'a pas de sens car on atteint très rapidement le long terme. Nous utiliserons donc les caractéristiques mécaniques (C_{CD}, φ_{CD}) ou (C', φ').

D'après plusieurs rapports établis sur l'analyse de la stabilité des massifs de déchets dans différentes décharges au Maroc (Tanger, Oulja..), nous avons choisi pour les déchets de la décharge de Mohammedia les caractéristiques de cisaillement suivantes (le cas défavorable), nécessaires pour l'analyse de la stabilité:

Tableau 7: Caractéristiques mécaniques des déchets [3]

Caractéristiques mécaniques	Poids volumique γ (kN/m³)	Angle de frottement effectif φ' (°)	Cohésion effective C' (kN/m²)
Déchets	9	18	4

Ces caractéristiques mécaniques des déchets. On les a estimées à partir d'un rapport de NOVEC sur la réhabilitation de la décharge de OULJA.

De plus, étant donné la nature des matériaux, la présence d'hétérogénéités n'est pas à exclure.

En absence de données précises sur les matériaux utilisés dans le réaménagement de la décharge, on prendra les valeurs communément admises et adoptées pour les caractéristiques mécaniques de la digue, de la couche d'argile et de la couche de terre végétale et des valeurs moyennes pour les caractéristiques du substratum.

Tableau 8: Caractéristiques mécaniques des matériaux de réhabilitation

Caractéristiques mécaniques	Poids volumique γ (kN/m³)	Angle de frottement effectif φ' (°)	Cohésion effective C' (kPa)
Argile compactée	17,5	33	22
La digue périphérique	20	33	4
Argile de la digue	20	33	22
Terre végétale	20	25	4
Microgrès	24	35	20

II. ANALYSE DE LA STABILITE DU MASSIF DES DECHETS APRES REHABILITATION

2.1 Présentation de Talren4 [8]

Talren 4 est un logiciel français qui permet de vérifier la stabilité de talus naturels, remblais, barrages et digues, avec prise en compte de différents types de renforcements : tirants précontraints, clous, pieux et micropieux, géotextiles, géogrilles, terre armée, digues et bandes de renforcement...

Talren 4 s'appuie sur des méthodes analytiques éprouvées :
- Calcul d'équilibre limite selon les méthodes de Fellenius, Bishop ou des Perturbations ;
- Prise en compte des conditions hydrauliques ;
- Prise en compte des sollicitations sismiques selon la méthode pseudo-statique.

Ce logiciel présente une facilité de manipulation, et il a comme avantages :
- Option de recherche automatique du coefficient de sécurité minimum pour les surfaces de rupture circulaires ;

- Aucune limite sur les nombres d'éléments saisis (points, couches, renforcements…) ;
- Priorité à l'affichage graphique…

2.2 Analyse de la stabilité du massif des déchets de la décharge de Mohammedia

L'analyse de la stabilité du massif de déchets après réhabilitation est tellement importante. La stabilité au glissement est influencée par plusieurs facteurs. Dans le cas de cette décharge, ce qui peut influencer la stabilité du massif c'est surtout la présence du lixiviat au fond de la décharge et la surcharge exercée par la couche d'argile compactée de 1m d'épaisseur formant la couverture.

Comme il a été dit précédemment, nous considérerons que le lixiviat au fond de la décharge forme une nappe de 1m d'épaisseur s'étendant sur tout son fond. Normalement, le lixiviat avec sa composition entre en réaction avec les déchets qu'il traverse ; mais nous allons considérer la nappe du lixiviat comme étant une nappe phréatique normale, car nous ne pouvons pas modéliser et évaluer les interactions chimiques du lixiviat avec les déchets.

Afin de choisir le dispositif de recouvrement le mieux adapté pour assurer la stabilité du massif, nous comparons les différents dispositifs possibles dans les conditions sismiques et non sismiques:

- L'analyse de la stabilité du massif en présence de la nappe de lixiviat, avec mise en place de la couche d'argile compactée.
- L'analyse de la stabilité du massif en absence de la nappe de lixiviat, avec mise en place de la couche d'argile compactée.
- L'analyse de la stabilité du massif en présence de la nappe de lixiviat, avec mise en place de Géosynthétiques.
- L'analyse de la stabilité du massif en absence de la nappe de lixiviat, avec mise en place de Géosynthétiques.

Les calculs sont menés sur le profil de massif jugé représentatif de direction SE-NW. Le dit profil est tracé dans Talren 4 comme suit :

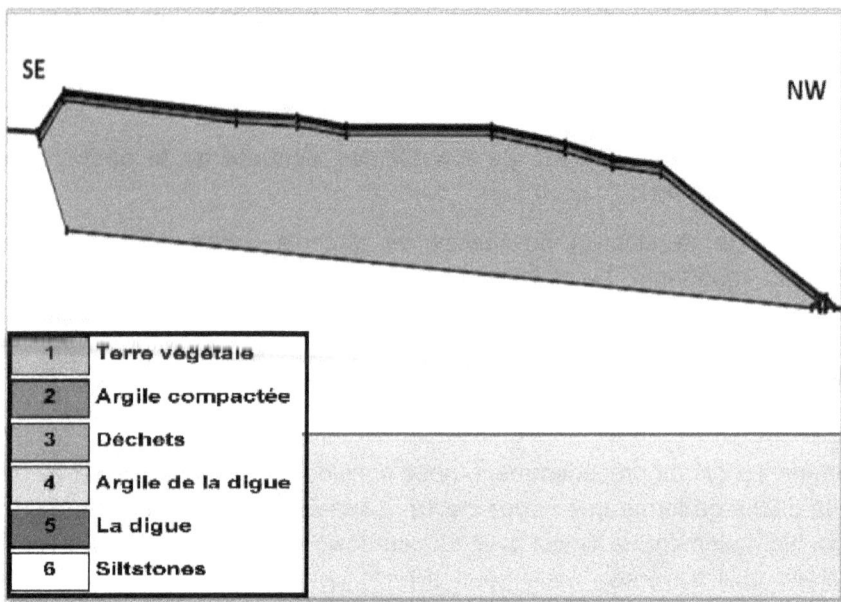

Figure 42: Profil de la décharge dans Talren 4

Le massif est composé du haut au fond de la décharge comme suit :

- Une couche de terre végétale de 0,4 m d'épaisseur ;
- Une couche d'argile compactée de 1 m d'épaisseur ;
- Les déchets avec la digue périphérique ;
- Les microgrès.

2.2.1 Massif de déchets après réhabilitation avec la couche d'argile compactée

Le calcul de la stabilité pour chaque scénario est effectué d'une part dans les conditions normales et d'autre par en tenant compte de séisme dans les conditions sismiques.

a. En présence de la nappe de lixiviat :

Conditions normales :

On constate d'après le calcul fait par Talren 4, sur le massif des déchets après réhabilitation en utilisant pour la couverture, la couche d'argile compactée, et en présence de la nappe de lixiviat et en conditions normales (sans tenir compte des sollicitations sismiques) que le massif est stable vue que le facteur de sécurité minimum donné après calcul vaut 1,48 qui supérieur au facteur de sécurité acceptable dans ce projet afin de jugé le massif stable, qui est égale à 1,4.

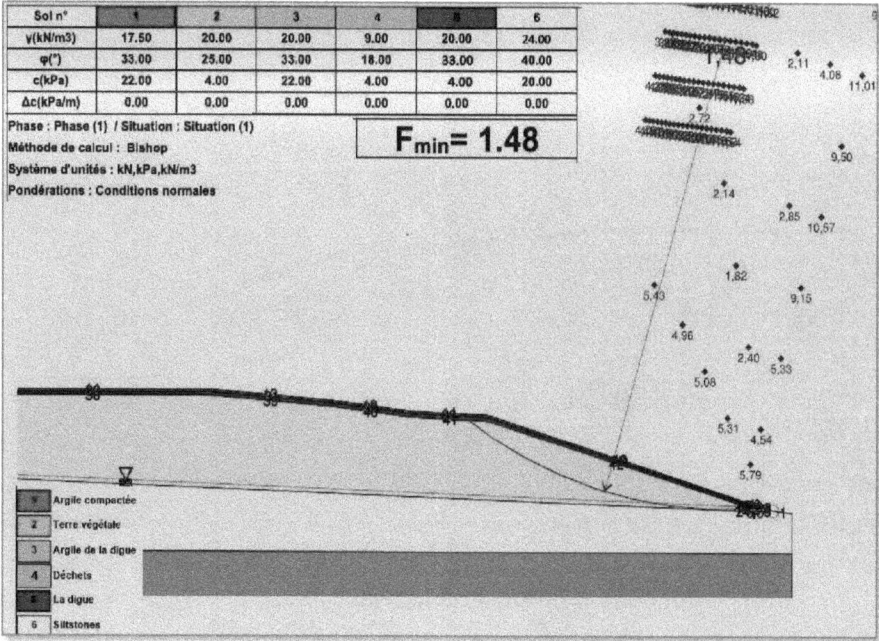

Sol n°	1	2	3	4	5	6
γ(kN/m3)	17.50	20.00	20.00	9.00	20.00	24.00
φ(°)	33.00	25.00	33.00	18.00	33.00	40.00
c(kPa)	22.00	4.00	22.00	4.00	4.00	20.00
Δc(kPa/m)	0.00	0.00	0.00	0.00	0.00	0.00

Phase : Phase (1) / Situation : Situation (1)
Méthode de calcul : Bishop
Système d'unités : kN,kPa,kN/m3
Pondérations : Conditions normales

$F_{min}= 1.48$

1	Argile compactée
2	Terre végétale
3	Argile de la digue
4	Déchets
5	La digue
6	Siltstones

Figure 43: Etude de la stabilité du massif en présence de la nappe de lixiviat en conditions normales

Conditions sismiques :

Dans les conditions sismiques (facteur de sismicité a=0.25g), le massif des déchets est instable du fait que le facteur de sécurité minimal calculé est égal à 0,81 qui est beaucoup plus inférieur à la valeur acceptable pour un tel facteur de sécurité. Ceci veut dire qu'il faut revoir le dispositif en cas d'existence de la nappe de lixiviat, pour rendre le massif plus stable.

Sol n°	1	2	3	4	5	6
γ(kN/m3)	17.50	20.00	20.00	9.00	20.00	24.00
φ(°)	33.00	25.00	33.00	18.00	33.00	40.00
c(kPa)	22.00	4.00	22.00	4.00	4.00	20.00
Δc(kPa/m)	0.00	0.00	0.00	0.00	0.00	0.00

Phase : Phase (1) / Situation : Situation (1)

Prise en compte d'un séisme: ah/g= 0.25 av/g= 0.25

Méthode de calcul : Bishop

Système d'unités : kN,kPa,kN/m3

Pondérations : Conditions normales

$F_{min}= 0.81$

- Argile compactée
- Terre végétale
- 3 Argile de la digue
- 4 Déchets
- 5 La digue
- 6 Siltstones

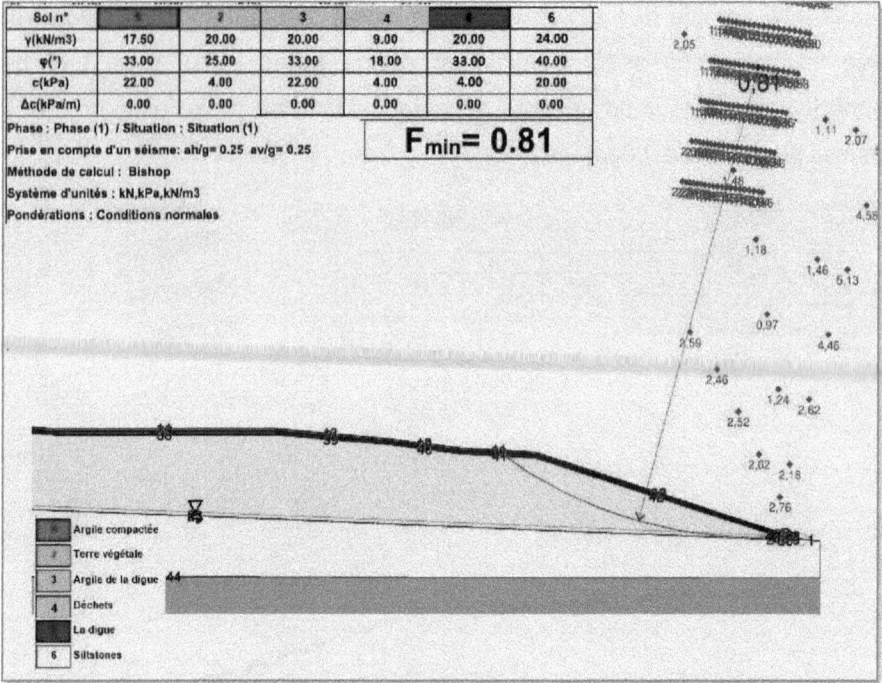

Figure 44: Etude de la stabilité du massif en présence de la nappe de lixiviat en conditions sismiques

b. En absence de nappe de lixiviat :

Conditions normales :

Après calcul, on remarque que le facteur de sécurité minimal trouvé en absence de la nappe de lixiviat est légèrement supérieur au facteur de sécurité calculé dans les mêmes conditions sauf en présence de lixiviat (1,52 contre 1,48).

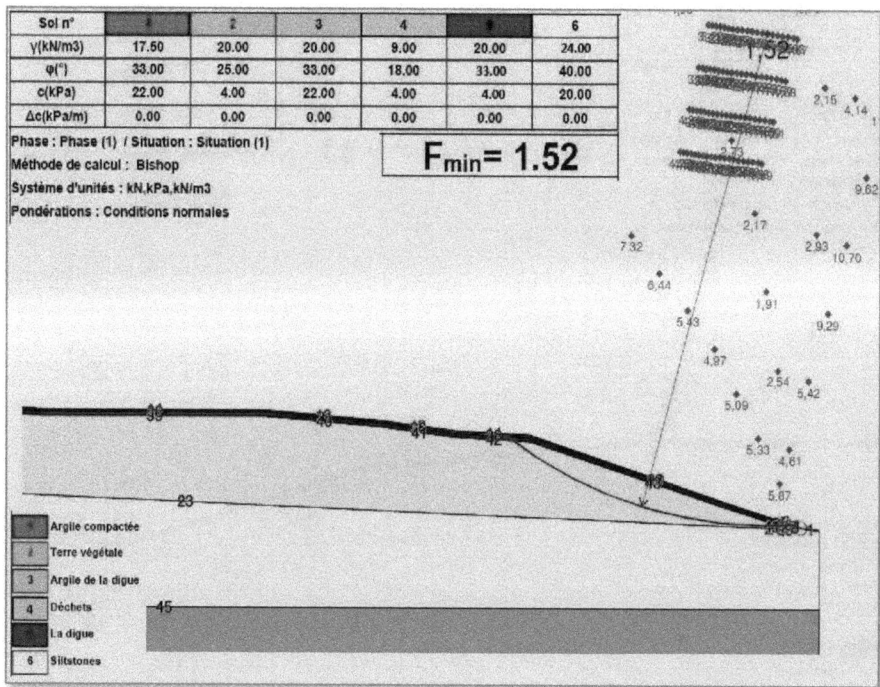

Sol n°	1	2	3	4	5	6
γ(kN/m3)	17.50	20.00	20.00	9.00	20.00	24.00
φ(°)	33.00	25.00	33.00	18.00	33.00	40.00
c(kPa)	22.00	4.00	22.00	4.00	4.00	20.00
Δc(kPa/m)	0.00	0.00	0.00	0.00	0.00	0.00

Phase : Phase (1) / Situation : Situation (1)
Méthode de calcul : Bishop
Système d'unités : kN,kPa,kN/m3
Pondérations : Conditions normales

$F_{min}= 1.52$

- 1 Argile compactée
- 2 Terre végétale
- 3 Argile de la digue
- 4 Déchets
- 5 La digue
- 6 Siltstones

Figure 45: Etude de la stabilité du massif en absence de la nappe de lixiviat en conditions normales

Conditions sismiques :

Tel que nous l'avons vu dans les conditions normales, en conditions sismiques le facteur de sécurité en absence de lixiviat est aussi légèrement supérieur au facteur de sécurité précédemment trouvé en présence de la nappe de lixiviat. Cette légère différence entre les deux facteurs de sécurité révèle l'effet notable de la nappe de lixiviat sur la stabilité du massif. Mais, dans les deux cas et dans les conditions sismiques, le facteur de sécurité reste encore beaucoup plus inférieur à la valeur recherchée et admissible, chose qui nous montre finalement que le massif des déchets après réhabilitation, en utilisant la couche d'argile compactée pour la couverture, est instable, dans ce cas il faut obligatoirement agir pour rendre la massif stable.

Sol n°	1	2	3	4	5	6
γ(kN/m3)	17.50	20.00	20.00	9.00	20.00	24.00
φ(°)	33.00	25.00	33.00	18.00	33.00	40.00
c(kPa)	22.00	4.00	22.00	4.00	4.00	20.00
Δc(kPa/m)	0.00	0.00	0.00	0.00	0.00	0.00

Phase : Phase (1) / Situation : Situation (1)

Prise en compte d'un séisme: ah/g= 0.25 av/g= 0.25

Méthode de calcul : Bishop

Système d'unités : kN,kPa,kN/m3

Pondérations : Conditions normales

$F_{min}= 0.83$

1	Argile compactée
2	Terre végétale
3	Argile de la digue
4	Déchets
5	La digue
6	Siltstones

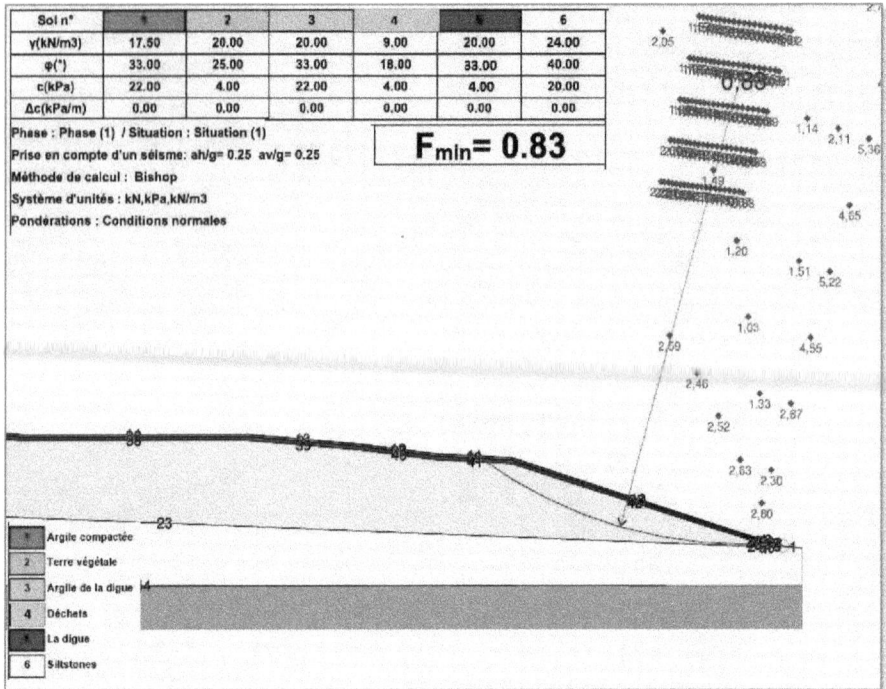

Figure 46: Etude de la stabilité du massif en absence de la nappe de lixiviat en conditions sismiques

2.2.2 Massif de déchets après réhabilitation avec géosynthétiques

On essaye ici d'analyser la stabilité du massif des déchets en utilisant les géosynthétiques, il s'agit de remplacé la couche d'argile par les géosynthétiques dont le poids est négligeables ; et c'est pour mettre en évidence l'effet de la couche d'argile compactée sur la stabilité au glissement du massif des déchets.

Dans ce qui suit, on va juste nous contenter d'analyser la stabilité du massif en absence de la nappe de lixiviat et le comparer avec le cas précédant similaire.

a. En absence de la nappe du lixiviat :

Conditions normales :

Sans la couche d'argile compactée et en absence de la nappe de lixiviat, le facteur de sécurité calculé pour la surface de glissement la plus critique, qui est égale à 3,07, est doublement supérieure au facteur de sécurité admissible (1,4). Ce qui veut dire que dans un tel cas, le massif de déchets est suffisamment stable. En comparaison avec le même cas où on utilise la couche d'argile, on constate qu'en négligeant le poids de la couche d'argile compactée, le facteur de sécurité de la surface de glissement critique augmente. Ceci indique que la couche d'argile exerce une surcharge déstabilisante sur le massif.

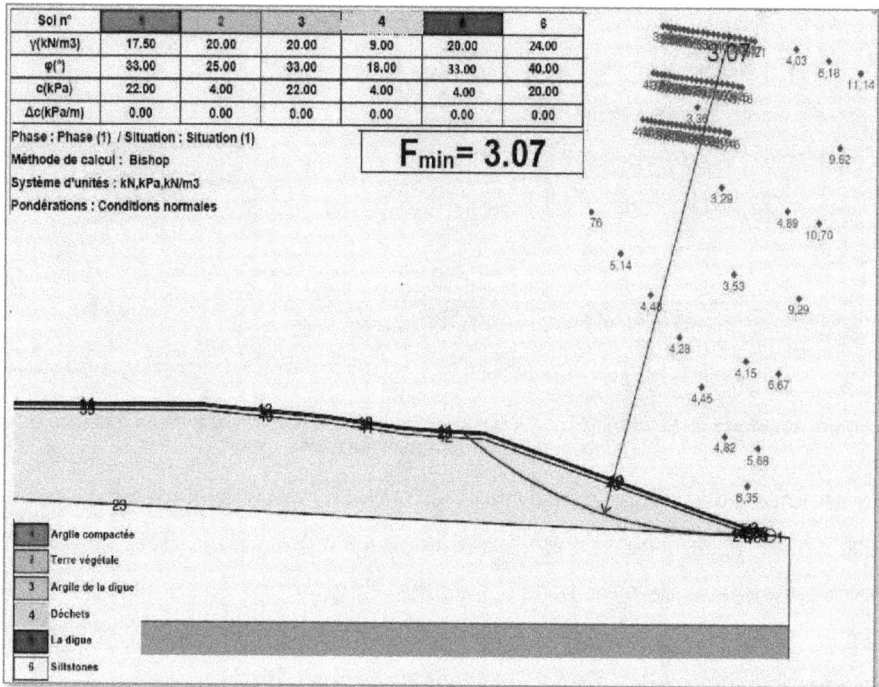

Sol n°	1	2	3	4	5	6
γ(kN/m3)	17.50	20.00	20.00	9.00	20.00	24.00
φ(°)	33.00	25.00	33.00	18.00	33.00	40.00
c(kPa)	22.00	4.00	22.00	4.00	4.00	20.00
Δc(kPa/m)	0.00	0.00	0.00	0.00	0.00	0.00

Phase : Phase (1) / Situation : Situation (1)
Méthode de calcul : Bishop
Système d'unités : kN,kPa,kN/m3
Pondérations : Conditions normales

$$F_{min}= 3.07$$

1. Argile compactée
2. Terre végétale
3. Argile de la digue
4. Déchets
5. La digue
6. Siltstones

Figure 47: Etude de la stabilité du massif en utilisant les géosynthétiques en absence du lixiviat, en conditions normales

Conditions sismiques :

Dans cette situation on remarque que le facteur de sécurité, qui égale à 1.67, est supérieur à 1,4. Donc, la stabilité du massif est vérifiée même dans les conditions sismiques.

Sol n°	1	2	3	4	5	6
γ(kN/m3)	17.50	20.00	20.00	9.00	20.00	24.00
φ(°)	33.00	26.00	33.00	18.00	33.00	40.00
c(kPa)	22.00	4.00	22.00	4.00	4.00	20.00
Δc(kPa/m)	0.00	0.00	0.00	0.00	0.00	0.00

Phase : Phase (1) / Situation : Situation (1)
Prise en compte d'un séisme: ah/g= 0.25 av/g= 0.25
Méthode de calcul : Bishop
Système d'unités : kN,kPa,kN/m3
Pondérations : Conditions normales

$F_{min}= 1.67$

Argile compactée
Terre végétale
Argile de la digue
Déchets
La digue
Siltstones

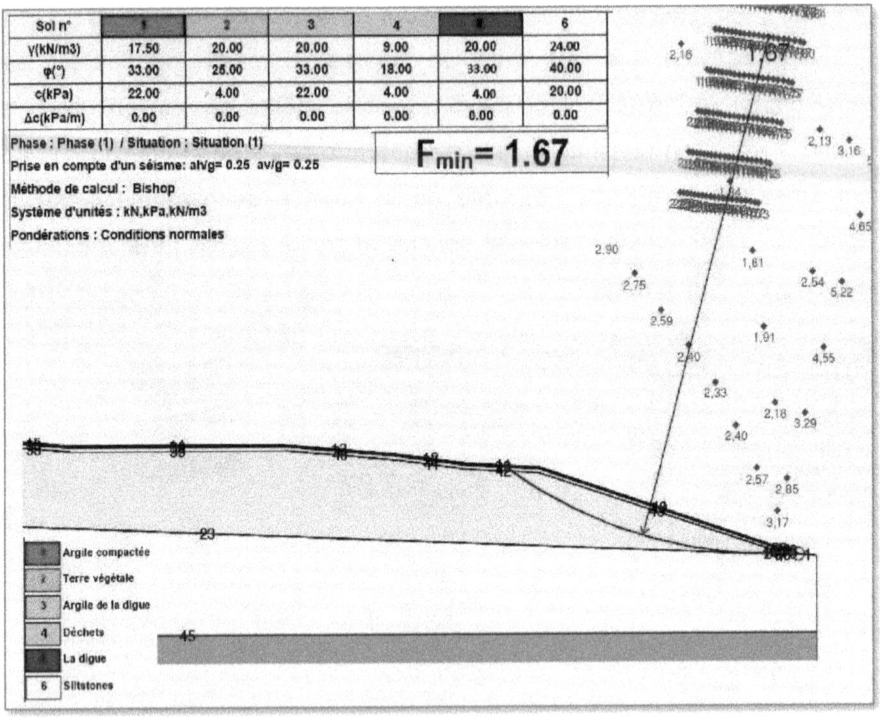

Figure 48: Etude de la stabilité du massif en utilisant les géosynthétiques en absence du lixiviat, en conditions sismiques

En absence de la nappe de lixiviat et en utilisant les géosynthétiques pour le recouvrement, le massif est suffisamment stable dans les conditions normales et dans les conditions sismiques. Ceci montre qu'en absence de la nappe de lixiviat, l'utilisation de géosynthétiques pour le recouvrement est révélée plus avantageuse qu'en utilisant la couche d'argile.

b. En présence de la nappe de lixiviat :

Conditions normales :

En présence du lixiviat au fond du massif des déchets, et dans les conditions normales, la décharge réhabilitée est jugée stable du fait que le coefficient de sécurité calculé dans ce cas est égal à 1,49>1,4.

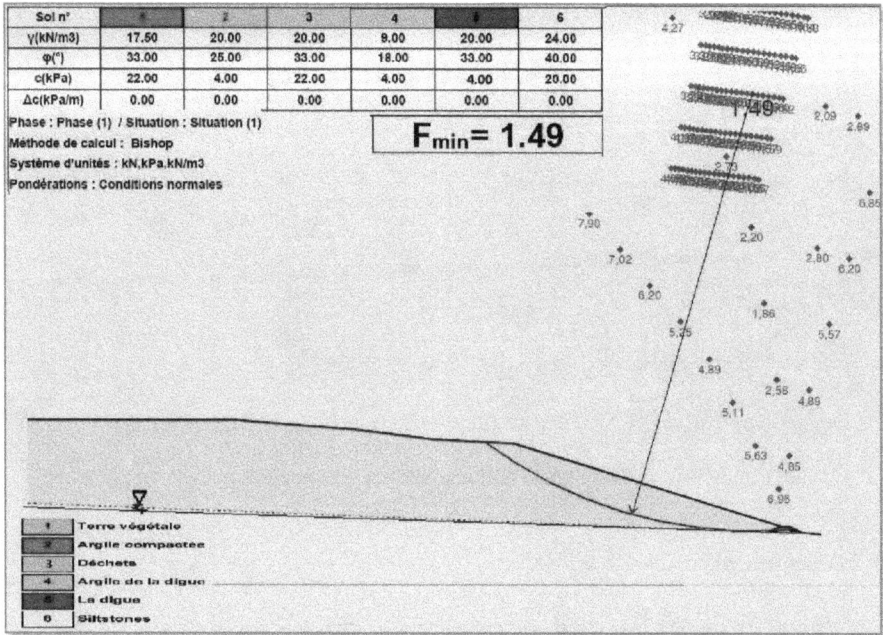

Sol n°	1	2	3	4	5	6
γ(kN/m3)	17.50	20.00	20.00	9.00	20.00	24.00
φ(°)	33.00	25.00	33.00	18.00	33.00	40.00
c(kPa)	22.00	4.00	22.00	4.00	4.00	20.00
Δc(kPa/m)	0.00	0.00	0.00	0.00	0.00	0.00

Phase : Phase (1) / Situation : Situation (1)
Méthode de calcul : Bishop
Système d'unités : kN,kPa,kN/m3
Pondérations : Conditions normales

$F_{min} = 1.49$

Légende :
1. Terre végétale
2. Argile compactée
3. Déchets
4. Argile de la digue
5. La digue
6. Siltstones

Figure 49: Etude de la stabilité du massif en utilisant les géosynthétiques en présence du lixiviat en conditions normales

Conditions sismiques :

Dans ces conditions, on remarque que le coefficient de sécurité trouvé, et qui vaut 0.81, est beaucoup plus inférieur à la valeur de coefficient de sécurité acceptable (1,4). La décharge est jugé instable. Ceci montre l'effet considérable de la nappe de lixiviat sur la stabilité du massif, même en absence de la couche d'argile compactée (surcharge).

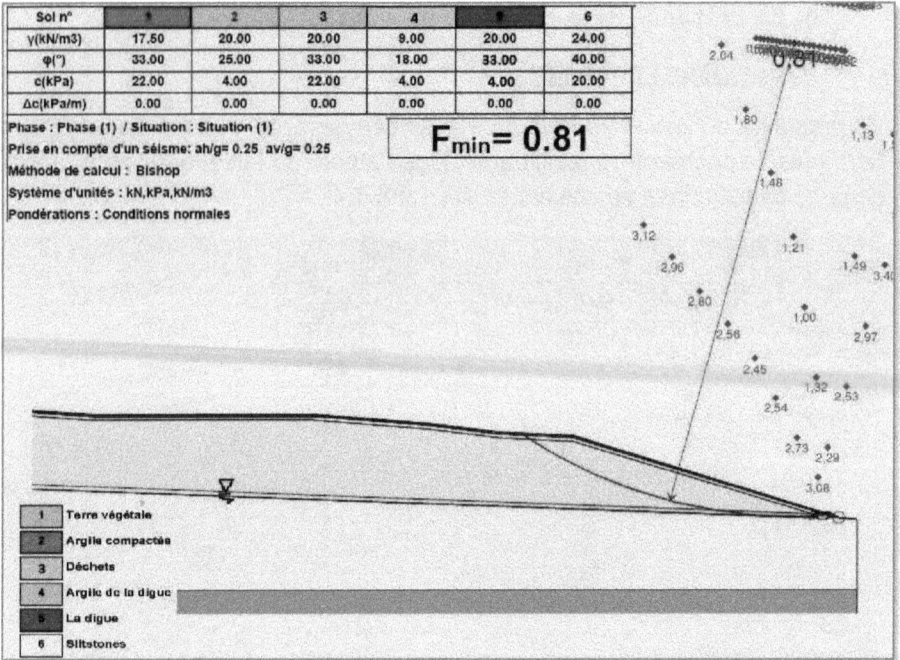

Sol n°	1	2	3	4	5	6
γ(kN/m3)	17.50	20.00	20.00	9.00	20.00	24.00
φ(°)	33.00	25.00	33.00	18.00	33.00	40.00
c(kPa)	22.00	4.00	22.00	4.00	4.00	20.00
Δc(kPa/m)	0.00	0.00	0.00	0.00	0.00	0.00

Phase : Phase (1) / Situation : Situation (1)
Prise en compte d'un séisme: ah/g= 0.25 av/g= 0.25
Méthode de calcul : Bishop
Système d'unités : kN,kPa,kN/m3
Pondérations : Conditions normales

$$F_{min}= 0.81$$

1	Terre végétale
2	Argile compactée
3	Déchets
4	Argile de la digue
5	La digue
6	Siltstones

Figure 50: Etude de la stabilité du massif en utilisant les géosynthétiques en présence du lixiviat en conditions sismiques

2.2.3 Conclusion

On déduit d'après l'analyse de la stabilité du massif des déchets de la décharge de Mohammedia dans les différents scénarios, que la stabilité du massif est majoritairement influencée par deux facteurs principaux à savoir : la présence de la nappe de lixiviat et la surcharge appliquée par la couche d'argile sur le massif des déchets.

Finalement, le scénario le plus favorable pour une meilleure stabilité du massif des déchets de la décharge, après réhabilitation, est l'utilisation de géosynthétiques pour le recouvrement, tout en évacuant le lixiviat à travers les drains et la conduite de lixiviat, afin de se débarrasser de l'effet de lixiviat et l'effet du grand poids appliqué sur le massif par la couche d'argile.

CONCLUSION GENERALE ET RECOMMANDATIONS

L'analyse de la situation nationale en matière de prise en charge des déchets, attribue les difficultés en matière de gestion de ces déchets à des facteurs multiformes d'ordre institutionnel, organisationnel et technique. Jusqu'à une date récente, à l'absence d'une législation et d'une réglementation claire et précise en la matière, le pays a connu la prolifération de décharges sauvages partout, sans n'en avoir aucun respect envers notre environnement. Face à cette situation préoccupante, le gouvernement a décidé d'une riposte proportionnée et à la mesure de l'ampleur de la situation par l'adoption d'un axe de travail prioritaire dans sa stratégie et son Plan d'action environnemental et de développement durable à travers l'élaboration et la mise en œuvre du programme de réhabilitation d'un ensemble de décharges sauvages à travers le royaume, la décharge sauvage de Mohammedia en fait partie.

Cet ouvrage traite la problématique de la réhabilitation et la fermeture de la décharge sauvage de Mohammedia. Cette décharge est sursaturée en déchets ménagers et assimilés et présente un risque majeur sur l'environnement. Pour atténuer et réduire au maximum les impacts sur l'environnement, nous avons proposé de mettre en œuvre un ensemble d'ouvrages et de dispositifs qui permettront la bonne isolation des déchets et la bonne collection de biogaz et du lixiviat, et qui assureront la stabilité du massif de déchets à savoir :

- La digue périphérique: qui permet d'empêcher l'infiltration du lixiviat, produit par les déchets, vers le milieu naturel. Elle permet aussi de stabiliser le pied du talus des déchets.
- La couverture : Elle permet l'isolation des déchets de milieu environnant et elle permet aussi l'insertion de la décharge dans l'espace naturel du site et elle empêche, par son étanchéité, l'infiltration des eaux de surface dans le massif des déchets. La couverture peut être réalisée soit par les matériaux locaux où par les géosynthétiques. Après comparaison, dans plusieurs aspects (Stabilité, coût, efficacité), entre l'utilisation de matériaux locaux et les géosynthétiques pour le recouvrement, on a conclu que le meilleurs dispositif de recouvrement à utiliser, sont les géosynthétiques.
- La conduite de collecte du lixiviat ;

- Les fossés de collecte des eaux de ruissellement ;
- Les drains verticaux : Ils permettent à la fois l'évacuation et la collection de biogaz, et le drainage de lixiviat.

L'analyse de la stabilité du massif des déchets par Talren 4, après réhabilitation, a démontré que le massif est stable dans le cas où on utilise les géosynthétiques, en absence de la nappe de lixiviat.

A la lumière de cette étude nous recommandons ce qui suit :

- Faire les essais nécessaires pour bien connaitre le site et les caractéristiques des matériaux ;
- Faire une étude économique beaucoup plus poussée sur le projet ;
- Creusement d'un bassin de lixiviat dès le début des travaux ;
- Offrir de l'emploi aux chiffonniers dans la nouvelle décharge contrôlée ;
- L'expérience du Maroc dans le domaine de la gestion des déchets est encore à ces débuts, je recommande d'exploiter les données susceptibles de faire développer le secteur de la gestion des déchets au Maroc, notamment en la matière de réhabilitation des décharges sauvages.

BIBLIOGRAPHIE

[1] : ADEME (2005), « Réhabilitation des décharges», France, 20 p.

[2] : A.HADRI, I. BENALI (2010), « ETUDE DE STABILITE DES TRANCHEES DE LA LIGNE FERROVIAIRE TANGER/TANGER MED », EMI, Rabat, 109 p.

[3] : ENGEMA (2008), « Rapport de réhabilitation de la décharge sauvage d'OULJA », Rabat, 30 p.

[4] : J. VAZQUEZ, « hydraulique à surface libre (Systèmes Hydrauliques Urbains – ENGEES) », 104 p.

[5] : « La mise au point de l'Initiative de Dépollution de la Méditerranée «Horizon 2020» » (2006), N° 070201, 43p.

[6] : L. CÔTE (2008), « Le précompostage des déchets avant enfouissement », Quebec, centre de recherche industrielle.

[7] : Le ministère de l'énergie et des mines-direction de la Géologie (1987), Extrait de la carte géologique de Casablanca-Mohammedia, 1/100000.

[8] : Manuel d'utilisation, juillet 2005, « LOGICIEL TALREN 4 », TERRASOL, IndA, 125p.

[9] : M. BOUCETTA (2006), Les ouvrages d'art et le risque sismique au Maroc, Rabat, 32 p.

[10] : NOVEC (2011), « Rapport d'aménagement de CET de Khouribga », Rabat, 45 p.

[11] : Phénixia (2010), « Etude de gestion contrôlée des déchets solides dans les villes Bouznika, Mohammedia, Ben Slimane et El-Mansouria », secrétariat d'Etat chargée de l'environnement, Rabat, 150 p.

[12] : Prof. Czurdaund (2006), « Rapport final de l'étude de faisabilité relatif à l'amélioration de la gestion de la décharge publique de Tanger », ICP – Ingenieur gesellschaft mbH, 85 p.

[13] : R.M. Faure, « cours Mécanique des sols 2, Méthodes de calcul en stabilité des pentes », ENTPE, 25 p.

[14] : S. FOURMONT, O. MALARET, L. CHALOT (2009), « RÉALISATION DE LA COUVERTURE DE LA DÉCHARGE DE LA TROMPEUSE (MARTINIQUE) », France, 10 p.

[15] : S. FOURMONT, P. GENDRIN (2006), « TALUS DE CENTRE DE STOCKAGE DE DECHETS DRAINAGE LIXIVIATS ET PROTECTION DE LA GEOMEMBRANE », France, 8 p.

[16] : « Techniques alternatives aux réseaux d'assainissement pluvial. Éléments clés pour leur mise en œuvre », Novembre 1998, CERTU, 155 p.

[17] : V. Merrien SOUKATCHOFF (2007), « Cours d'éléments de géotechnique », Ecole des mines, Nancy, 192 p.

[18] : ZERHOUNI (2008), « La géotechnique environnementale: L'enfouissement des déchets ménagers », Fondasol, 50 p.

Webiographie

[W1]: www.googlemaps.com (2010)

[W2]: www.meteo.msn.com/Mohammedia+MAR